U0213258

北京世纪文景文化传播有限责任公司　出品

一个时代的吃相

民国吃家

二毛 著

世纪出版集团 上海人民出版社

在民国

慈禧的清炖鸭子

脱下鸭皮游上了袁世凯的餐桌

在民国

胡适用东兴楼的酱爆鸭丁

嫩滑酱香了鲁迅一生的才华

在民国

谭延闿的祖庵鱼翅

在南京的上空鲜亮腴滑地飞翔

在民国

张大千用恋爱的火候

软炸着扳指儿

香酥脆嫩了十八岁的仕女

······

目 录

美食如画张大千

文化巨匠 平淡饮食

美食"草圣"于右任

少帅美食传奇

京城玩家王世襄

梨园家宴润梅腔

郁达夫的下酒菜

张爱玲的软饭

蒋介石的食养

前朝遗珍足品评

野 夫

一

算来算去，中华民族还真的只有饮食文化，是足以称雄世界的。当孔夫子已经主张"食不厌精，脍不厌细"之时，欧洲人基本还在茹毛饮血。西餐发展到今天，还在问你牛排要几成熟，配菜几乎还是永远的老三篇——土豆洋葱西红柿。而我们的菜谱则早已汗牛充栋，食材更是上天入海，穷尽一切了。这样的差距究竟能说明什么呢？

一个专注于吃喝的民族，仿佛千百年来都处于饥饿之中。即便偶尔的酒足饭饱，也并未泻出科技文明和制度文明。我们就像是一个吃货一般传宗接代，每个人生来就是难以餍足的厨子，在这个世界猎艳猎食。时常也成为乱世的食材，被搬上他人的刀俎……

自古以来，修家谱都可能株连九族，读书人于是只好研习菜谱了。精神生活的饥寒交迫，并不妨碍我们过屠门而大嚼——在想象的盛宴中沉醉迷离。既然当世不足论，那我们醉眼看前朝，也许从那些已然阑珊的歌筵灯影中，还能窥见民国男女的吃相，以及那杯盏之外的历史遗踪。

二

二毛和我，都在武陵山区生长发育。一江上下，同属土家这个多数时候都很饥饿的民族。因为少时的食不果腹，很容易养成我们青春时代的胡吃海喝和飞扬跋扈。如同久病成医一样，好吃的人总是美食家的候补委员。于是，我们都经由20世纪80年代的诗歌运动，而发展为私家的御用厨师，再在美食和美色的路上颠沛流离，最终成了自个的掌瓢。

我还没看见一个同代人，能像二毛那样，用诗歌将食色笼络在一起，使汉语和菜肴都变得性感十足。读他的诗文甚至菜谱，多能如服春药一般的盎然。如果再加上几味他的独门美食，以及私酿的野酒，定力不够的后生则多半容易发情——杯酒订交结下一生的情义。

我和他的多年私交，正像酒色之徒在餐桌边的狼狈为奸一般，三杯两盏就能割头换颈似的钟情。多少年来，他的餐馆开到哪里，我扛着贪婪的唇齿就追向哪里。他的酒旗招摇处，就是我辈酒囊饭袋眼中的延安。

从川西到京北，从西城到东城，我像苍蝇不叮无缝的蛋一样，追随着家山中走出来的一扇胖哥，闻香下马，击掌为号地暴饮暴食着我们放浪的岁月。多少次我醉卧于他的大堂，被多情的大厨盖上油香的围裙，恍如杨柳岸晓风残月一般地死而复生。

三

一个时代自有一个时代的吃相。当年阿城先生写他们那代知青"吃相很惨"，我和二毛这一代哥们，很多时候的吃相应该是很"烈"。相比起民国那代士人的吃相，我们真是足够惨烈的一代吃货。

二毛的美食随笔，是一个诗人加厨师的杰作，因此迥异于一般的外道中人。从《妈妈的柴火灶》到《民国吃家》，仿佛他已经从江湖菜跃进到了公馆菜，变换的已不仅仅是菜谱，也不是添油加醋之类的技法，而是在深入历史的堂奥，在盘飧薄酒的一脉余香中，辨寻历史新的解读门径。

所谓的魏晋风度，我们是从《世说新语》中那些吃喝坐卧的细节中感知的。同样我们也能从这样一些随笔中，窥见所谓的民国范儿大抵会是怎样的雅致或豪奢。一个时代远逝了，酒阑灯灺之后，衣香鬓影化为遍地烟尘。而就在这样弥漫的俗尘之中，我们这些怀旧的饕餮之徒们，犹能在这个早已推杯换盏的世界，嗅到那些残醉余芳……

谨此为序。

当一只清炖鸭子
在倒映着鲜美的汤面上
从慈禧的那个味
糯滋滋地游向袁世凯的那条道
味道把炖直接提拔到了蒸

躲藏在厨师身后的烹饪
作滋阴壮阳状
以45°角朝向后宫

从此鲫鱼味甘性平
游向温中健胃
铁锅蛋油润明亮
在一阵阵的鲜嫩中
软绵而香

美食共和与袁大总统的偏口

　　民国建立，民主和自由成为社会主流，告别了清代的专制和禁锢，在这个大背景下，民国之后，宫廷菜的独特性、禁忌性和至高无上性，都逐渐黯淡了下来。宫廷厨师、官宦家厨和大家族的厨师流落民间，或者自己开饭店，或者到新的富户和权贵家中做厨师。这是一个美食大交融，宫廷菜、贵族菜大众化的过程，大大推动了美食的繁荣和发展。

　　民国饮食发展有个显著的特点，八大菜系最终定型，区域之间的交流更加频繁。这种地域性的特点体现在比较有代表性的四座城市上——南京、北京、上海、重庆，它们可以说是民国时期的四个"美食之城"，对中国美食的发展起了重要的作用。

　　这是个美食绚烂的时代，吃家们自然也名家迭出，不论是文化名人、军政要人还是地主富豪，其中都不乏美食达人，讲吃论吃，蔚为风潮。

其中一些有影响力的吃家，由于对家乡美食的热爱，加上社会变革带来的美食融和，纷纷在家乡美食的创新提高上起到了重要作用，对各大菜系的最终定型也形成了推动。

民国吃家的第一人还要算袁世凯，因为他的人生经历，在吃上太有代表性了：他是清廷高官，喜好清宫菜；他还是民国大总统，钟爱家乡河南的美食；他娶了九房姨太太，其中多位都擅做菜，包括苏菜、天津菜、高丽菜。

袁世凯在历史上一直以负面形象示人，但客观地说，在清末和民国时期相当一段时间内，他在社会改革方面做了不少实事，堪称时代先锋人物，就美食来说，他也是有贡献的重要吃家。

袁世凯奉行"能吃才能干"的信条，常把"要干大事，没有饭量可不行"挂在嘴边，自己饭量奇大，也号召儿女们多吃，以成大器。在担任民国大总统期间，袁世凯每周日例行和妻妾、儿女一起用餐。

袁一生保持了对宫廷菜和家乡菜的热爱。

在宫廷菜上，有个标准，凡是慈禧喜欢的，袁世凯都喜欢。特别是清蒸鸭子，这道菜也是乾隆皇帝的最爱，深得袁大总统的胃口。

这道菜在袁世凯时代的做法还是与慈禧时代有差别的。清蒸的鸭子是袁世凯专门饲养的，采用的是填味法，味道鲜美，大补肾元。

清人徐珂的《清稗类钞》记载："袁慰亭（袁字）喜食填鸭，而饲之法，以鹿茸捣碎拌以高粱喂食。"鸭子要选取"禽属之善生者，雄鸭是也。烂煮老雄鸭，功效比参芪。诸禽尚雌，唯鸭尚雄；诸禽尚幼，唯鸭尚老。雄鸭为福，滋味如一"。这可能也是我们常说的"老鸭汤最好"的解释。

袁世凯和慈禧一样，最爱吃清蒸鸭子的鸭皮。用象牙筷子把鸭皮一揎，三卷两卷，整个鸭皮就扒了下来，袁世凯大口嚼着，发出吧唧吧唧的声音。

袁世凯喜欢的另外一道清宫美食是"清炖肥鸭"，这道菜是由慈禧钟爱的"糯米八宝鸭子"改进而来的。《御香缥缈录》记载："慈禧的清炖肥鸭便是太后所喜欢吃的一道菜，鸭子去毛，去内脏，洗净，然后再加调味品，把它装到一个瓷罐子里，再把瓷罐子装到盛了一半水的钳锅内，文火蒸着，一连蒸三天，鸭子便酥了，酥到只需要用筷子轻轻一夹，就分开了。"

慈禧太后最爱吃的鸭皮，是这道菜的精华。据说，慈禧几乎顿顿都有鸭菜，但做法不同。

袁世凯鸭子的吃法是在清炖肥鸭的基础上，结合糯米八宝鸭的做法，在鸭肚子中酿入糯米、火腿、酒、姜汁、香菌、大头菜、笋丁等，然后再隔水蒸。慈禧的做法是用清水蒸，但袁世凯是用鸡汤来蒸，也是蒸三天，鸡的味道能慢慢地融入。从美食的角度，袁世凯的创新很值得肯定。这道菜很有些"共和"的味道。

鸭肉的特点是鲜美，肥而不腻，香鲜。除这些之外，鸭肉还有滋阴养胃、利水、消肿的作用。袁世凯加入了糯米、口蘑之后，也有了壮阳的作用。

清代养生专家王士雄在《随息居饮食谱》中说，鸭肉"能滋五脏之阴，清虚劳之热，补血行水，养胃生津，止咳行精，消螺蛳积"，即能抵御吃螺蛳肉可能造成的寄生虫危害。中医认为鸭血可补血、解毒；鸭油可治风虚寒热；鸭头可通利小便，治水肿、惊悸、头痛。

中国鸭菜名菜非常多，北京烤鸭，江苏三套鸭，四川神仙鸭子、虫草鸭、樟茶鸭，山西焖炉烤鸭，台湾东门当归鸭、八珍扒鸭、陈皮鸭、牙姜仔鸭等。

我自己曾创意过一个裙带丝虫草鸭，还有迷踪野鸭。

裙带丝虫草鸭的做法是先用酸萝卜炒，然后加入用鸭架、鸡架和大骨一起熬制的汤，鸭肚中酿上火腿丝、海带丝等，鸭身上插上虫草，既能扩大其味道的厚度，也增强其养生功效。

迷踪野鸭的做法是先把鸭子卤制，然后糯米浸泡后蒸熟，加上腊肉泥，和豌豆一起，压在鸭肉身上，再油炸成菜。最后上桌配以指南针，指引迷失了方向的鸭子，外酥内嫩的口感中还有诗歌的意境……

袁公好"补"

　　袁世凯每天的饮食从一碗参汤开始：早上五点钟起床，先喝一碗人参汤，六点多再吃早饭。其人参汤的做法是，把人参放入带有螺丝盖的沙罐内，装上水，用绳子系着把沙罐放入盛着水的铁壶内，待开，用纱布把人参汤沥出来，即饮用。这据传是袁世凯在朝鲜担任总督时养成的习惯。

　　袁世凯的早饭基本上是一成不变的鸡丝面，这种面是从河南潢川专门运来的"潢川贡面"（历史上也称"光州贡面"），到现在还是河南名吃。据《光州志》载：唐代，潢川已生产挂面，当时"风销华夏，夺魁九州"，被人们称为"光州魁面"。传说，到宋朝时，光州州官令工人将这种面去其头尾，取其中间，均匀截成二十公分左右的长度，用红绿纸卷成圆筒形，每筒半斤，作为礼品进献给宫廷，宋仁宗食后，大赞："美哉，光州贡面！"潢川贡面，条细如丝，中空如管，半斤一筒，色洁如银，下锅就熟，久不粘汤。清水下，爽利可口；兑汤下，香甜味美。

在吃这方面，袁世凯和当时的高官相比并不奢侈，全家只有一个膳房。各房在这里统一定制，需要时，专门有一个跑膳房，把菜放到转筒中，分送到各房中，标准都是"四菜一汤"。

只有原配于氏，其厨房内有自己专属的厨师。各房姨太太也有自己的小厨房，但没有专门厨师，是随身丫头来做。

当各房姨太太的儿子或者女儿生日的时候，照例要头天吃饺子、打卤面、炸酱面。饺子的做法是：大师傅把面和馅料送到房中，由服侍的人包好后，再送回膳房煮好。每当袁世凯看到桌子上有饺子或者打卤面、炸酱面的时候，就会问：这是谁的生日？等到姨太太回答后，袁世凯会说：哦，原来是老几乍尾巴了！

袁世凯以及其一妻九妾十七个子女，加上随从，每天大概有几百人开饭。

袁世凯平常不吃"燕鲍翅"之类的山珍海味，他的喜好非常固定，而且菜品的位置摆放也很固定——清蒸鸭子一定是放中间，韭黄炒肉丝是放东边，红烧肉是放西边，还有蹄髈。

袁世凯的姨太太也常会做拿手菜给他吃。袁世凯在朝鲜做过总督，娶了三位朝鲜姨太太，其中一位还是朝鲜皇族。

袁世凯最宠爱的是大姨太和五姨太。

五姨太是天津杨柳青人，烧得一手好菜，不仅遇事有决断，还能管家，照料儿女们的日常生活，很有才干。袁世凯爱吃的韭黄炒肉丝以及红烧肉，最开始就出自她的手，后来家厨学会，成为袁家的常菜。

韭黄炒肉丝的做法是：将去皮的五花肉切成两寸半长的帘子棍儿丝，川菜中叫切成二粗丝。韭黄洗净，切成寸段，起一个八成热油锅，先下肉丝翻炒，加姜末、面酱，炒熟，再加料酒、酱油，折韭黄（把韭黄倒入锅内），翻几下，下盐找口，点汤，挂芡，淋花椒油，出勺（即出锅）。这道菜鲜嫩可口。

袁世凯最喜欢用馒头夹这道菜吃，非常下饭。韭黄又称韭芽、黄韭芽，是韭菜经过软化栽培而成，这种办法始于西汉，以四川成都地区出产的最好，远销海外。韭黄虽然是韭菜软化而成，但如果太软也会破坏口感。成都地区韭黄的特点是保持了一定的脆度，鲜嫩可口。韭黄这个东西，可以看作是韭菜在温室中长大的女儿。

我曾经问过诗人朋友杨黎如何处理韭黄，他也善做菜，他的办法就是清炒，只放油和盐。我有次做菜是用韭黄和韭菜各一半，加上肉，包饺子，口感比纯韭菜肉馅儿的饺子要滑软可口。

五姨太还擅长做红烧肉。

红烧肉是中国菜中的一道大菜，不下百种做法。五姨太的做法是天津本地的：把五花肉煮到五六成熟，然后放入红锅，加糖色少许，煮成金黄色，叫坐油勺，再用旺火热油，将肉用铁筷子穿起来，放到锅中炸一分钟，让走油水，肉皮见小泡即捞出，切四分长一分厚的条，用中碗将姜料放入碗底，再把红烧肉放在其上，放盐，加料酒，蒸透，合成拼盘，倒扣过来上桌。这道菜非常下饭，袁世凯很爱吃，他还喜欢用油面筋来打底。

这种做法很像川菜中的烧白，苏菜中的梅菜扣肉。天津菜虽然叫做红烧肉，但实际上是一道蒸菜。

1915年，担任大总统的袁世凯意图恢复帝制，赞成和反对的人都很多，僵持不下，袁世凯也很犹豫。但大儿子袁克定想做太子，和五姨太联合，怂恿袁世凯称帝。

这年的9月16日是袁世凯的五十六岁生日，他们精心准备了一桌盛宴，除了水陆八珍之外，每道菜的上边都有一条用面粉做成的五爪小金龙。袁世凯看了很开心，认为是吉兆。席上，五姨太极尽奉承，给袁世凯夹肉添酒，说：老寿星吃了这顿金龙宴，很快就会成为先皇了！在座的人，包括袁世凯本人在内，无不为之色变。

为了让袁世凯登基称帝，袁克定还做了一件非常低劣的事，就是专门做了一张假的《顺天日报》，刊登拥护袁世凯称帝的消息，欺骗袁世凯。最终袁世凯在1916年元旦登基。但两个多月即宣布取消帝制，本人也病逝。五姨太金龙宴上"先皇"一语成谶。

袁世凯爱吃人参、鹿茸一类的滋养补品，但不像常人那样用水煎服，而几乎是大把大把地往嘴里放，嚼着吃。除此以外，他每天还要喝两个奶妈挤出来的人奶，认为这样有助于补养。有时候，还会吃得自己流鼻血。

　　袁世凯有一妻九妾，于是他制定了姨太太们轮流值宿的制度，轮到谁就由那一房的丫头把用品搬到自己的房间里。虽然有九个姨太太，但常同居的是五姨太、六姨太、八姨太、九姨太，每人一周，轮下来正好值宿一个月。

　　虽然几个姨太轮流值宿，但第二天都还是由五姨太操办饮食。五姨太虽然有才能，最得袁世凯宠爱，但袁世凯死后，她却第一个卷走了袁世凯的金银细软。

袁世凯和豫菜大跃进

一个人的成名甚至可以推动美食的发展。

北京有个厚德福饭庄，是经营正宗河南菜的饭庄。创始人陈莲堂，是河南杞县人，此前曾在北京同仁堂为厨，精于烹调。1902年北京大栅栏内烟茶楼关闭，陈莲堂就在其原址，改弦易辙，创办了这一规模较大的饭庄。

开创伊始，厚德福与一般饭庄差不多，没有经营得特别好。袁世凯称帝后，厚德福饭庄借袁世凯为河南（项城）人这块招牌，制造舆论。一时间，厚德福成为北京城达官显贵聚集之处，生意越做越大，资金雄厚，名厨云集，成为当时京城颇有名气的饭庄之一。不久，厚德福在上海、天津、沈阳、青岛、南京、西安、成都开设了分号，遂成为跨省经营的企业。

这里不得不提到一百年前中国餐馆的经营模式：厚德福有规定，凡厚德福的职员，不论资方或劳力，经理或伙计，每人必须入股，人人都是股东，都要对饭庄负责；同时规定厚德福不录用其他饭庄人员；烹调技术人员与管理人员由饭庄自行培养，相互调用，总号可调到分号，分号的亦可调到总号工作。

为了招揽生意，开拓财源，厚德福还规定了该饭庄的酒席交款单可在内部使用，即凭北京厚德福开出的开款单据，可到厚德福各地分号进餐。鉴于当时军阀割据，货币不能通用，开款单据还可以按地区间货币比值折算。这种方法不仅活跃了厚德福的业务，亦使该饭庄的收款单成了馈赠亲朋好友的礼品，类似于现代的储值卡，厚德福的经营也因此而别开生面。

袁世凯喜欢吃鱼，也喜欢钓鱼。在洹上村隐居的时候，自称为洹上老人，自己修了鱼池养鱼。袁世凯最喜欢的鱼是开封北面黑岗口的黄河鲤鱼，认为其他地方的鱼无法与之相比。

而袁世凯最喜欢吃软熘鲤鱼焙面，又叫熘鱼焙面，这是现在中外皆知的河南名菜，用糖醋软汁制成，又称糖醋熘鱼焙面。

据史书记载，北宋时开封（汴梁）已有糖醋熘鱼，明代时称糖醋鱼，但没什么名气。清代光绪二十六年，八国联军攻占北京，慈禧太后和光绪皇帝从西安回北京，路过开封，住在行宫里。开封府呈进鲤鱼焙面，慈禧太后和光绪帝吃得赞不绝口，光绪夸这道菜是

『老寿星吃了这顿金龙宴，很快就会成为先皇了！』

"古汴珍馐"，而慈禧太后则连称"膳后忘返"。一位随身太监当即挥毫写了"熘鱼何处有，中原古汴州"。正因为皇帝、太后喜爱这道名菜，袁世凯才要吃家乡的鲤鱼焙面。

袁世凯还喜欢烧鲫鱼，他经常叫河南淇县县令送来淇水的鲫鱼。这种鲫鱼，尺把长，背脊宽大，肉质肥美异常。淇水鲫鱼的运送方法很绝：用箱盛满未凝的猪油，让鱼窒息而死。然后将油凝结，和外面的空气隔绝，再装运。这种保鲜方法在当时是极妙的。

袁世凯是个喜欢零食的人，例如花生米。他最喜欢一种糊皮正香崩豆，现在也成了河南名小吃。

据说此豆本是皇亲国戚为了磨牙吃的。制作这种崩豆，要用外五料——大料、桂皮、茴香、葱、盐；内五料——甘草、贝母、白芷、当归、五味子，以及鸡、鸭、羊肉和夜明砂乌等，共同翻炒。这种崩豆外形黑黄油亮犹如虎皮，膨鼓有裂纹，但不进砂，不牙碜，嚼在嘴里脆而不硬，五香味浓郁，久嚼成浆，清香满口，余味绵长。

袁世凯很迷信，他称帝后知道自己并不得民心，只好求助于宗教。除了求神问卜以外，还把花园中的七只宝缸，排列成天上的七星，以表示自己顺从天意。

他的这种迷信也体现在日常的饮食中。例如，由于"洪宪"与"红现"同音，因此他在饮食中多以红色为主，比如红烧肉、红烧鱼和红壳龙虾，以及红蟹，等等，餐前通常还要侍者先端上四盘拼成"洪宪万岁"的鲜火腿丝。

还有件有趣的事情，全国各地的丸子都是圆形的，唯独保定府的南煎丸子是扁形棋子状。古时保定城以水路为主，会馆林立，南北货物云集于此，从而带入了各地的特产，如冬笋、香菇、海参等。当地厨师采用这些材料与本地的荸荠配以南方的玉兰片、肉馅海参等结合制作丸子。时任直隶总督的袁世凯位高权重，民间戏称其为袁大头，在直隶官府宴席中，为避讳"袁"字，厨师将圆形丸子压扁，大胆采用独特的烹制方法，创制出南北皆宜、原汁原味的美味佳肴。因出于保定府南奇，故取名南煎丸子。

而元宵与汤圆，也有着类似的故事。

1915年12月，出现了全国各地选举国民代表一致赞同君主立宪的假象，一致"恭戴今大总统袁世凯为中华帝国皇帝"，袁世凯公开接受帝位，受百官朝贺。护国运动后，袁世凯渐渐众叛亲离，陷入进退维谷的境地。他把1916年定为洪宪元年，企图延续千秋万代，可是在当年正月十五的时候，袁世凯已感到力不从心，在皇位上坐不住了。他想出去散心，顺便了解一下京城的局势，于是穿着便装，来到北京的大街上。

不知不觉中，袁世凯来到了大栅栏，一时兴起，想去厚德福吃点地道的河南菜。此时，厚德福的门前正在热卖元宵，悠长的吆喝声远远地传了过来。袁世凯感到很熟悉，加快了步子。可是，突然间一股不祥之兆袭上心头，袁世凯停下脚步，细细倾听。"元——宵"的吆喝声回荡在袁世凯耳边，他却似乎听到了专为他演奏的丧音，"袁——消"，那声音随着冷风传来，袁世凯不由得勃然大怒。

他再没有心思吃饭了，马上返回，接着下令将厚德福卖元宵的人拘捕起来，还命令所有人都不准再提"元宵"二字，将元宵的名字改为"汤圆"。说也巧，就在此事发生没多少天之后，袁世凯便被迫宣布"取消帝制"，接着在忧惧中迅速死去。

于是，一首歌谣在京城流行开来："大总统，洪宪年，正月十五吃汤圆。汤圆、元宵一个娘，洪宪皇帝命不长。"

袁氏创新

袁世凯的主食有鲜明的河南特色，食谱也几乎一成不变，除了面条和馒头，还有稀饭。粥品中他最喜欢的是绿豆糊糊，用磨碎的绿豆做成。平时的晚饭按部就班，到了周日晚上就是全家聚会，菜品要丰盛得多，各房姨太太也往往会拿出好菜来让大家品尝。袁世凯非常喜欢二姨太做的熏鱼。

熏鱼的做法是把炸成金黄的鲤鱼放上葱姜、料酒、酱油、白糖浸透，然后用红糖、面粉和匀，在铁锅里熏制而成。

三姨太拿手的不是做菜，而是弹琴。在袁世凯隐居洹上时，经常在府邸荡舟赏月，三姨太陪伴左右，弹琴相和。兴致高时，袁世凯也会作诗，有一首《晚阴看月》："棹艇捞明月，逃蟾沉水底。搔头欲问天，月隐烟云里。"这首诗算是袁世凯作品中比较雅致的，他的诗歌多充满霸气，有一首《登楼》："楼小能容膝，檐高老树齐。开轩平北斗，翻觉太行低。"登楼远眺，觉北斗星矮、太行山低，显示出其目空一切的气度。

袁世凯让子女们在中南海养鱼和螃蟹，等到秋天的时候捕来吃。每天，袁世凯的儿女都要来问安，格式是："爸爸，吃的好，睡的好。"袁世凯会程式化地问，最近干了什么，看书了没有，要好好看书。然后说"去吧"，作为回答的结束。儿子们鞠躬，倒退着出屋。很有皇家的规矩感。

少奶奶们每天也要请安，时间大约是每天中午十一点前后。管家会先到各房去喊，说："总统要吃饭了！"少奶奶们一起来，问："爸爸，吃的好，睡的好。"袁世凯一般回答说："好了，去吧。"然后开饭。

袁世凯经常找儿子们一起吃饭，这对儿子们来说是很痛苦的，因为吃饭的时候没有一点自由。有一次袁克文陪袁世凯吃饭，吃得差不多了，袁世凯又递给他一个滚热的大馒头，那时候讲究："老者尊者赐，少者卑者不可辞。"袁克文只好接下来，实在吃不了，就把热馒头掰成一块块，装作吃，实际上是藏到袖子里，胳膊都被烫伤了好大一块。

在遇到"四时八节"的时候，袁府的礼制和前清皇家还是有相似之处的。除夕之夜，大厨准备好中西两种菜肴，都搬到中南海的居仁堂内。座位十分讲究，按尊卑次序安排，袁世凯必须坐北朝南，他的餐具也都要比别人大上一号。吃过团圆饭，姨太太、儿女和少奶奶们要依次来叩拜，以表示辞旧迎新，恭贺新春。叩拜的顺序是，姨太太、儿子、女儿、儿媳、侄儿侄女，最后是男女佣人们分成几批前来叩拜。

之后，大家来摸彩，奖品是小礼品和小元宝等。之后袁世凯会带头推牌九，以五百元大洋封顶，袁世凯会赌到五百大洋输光，如果输不掉，他就让儿子们随意拿走。这种习气可能与袁世凯长期在军队有关。麻将比较文气，军营流行牌九。从初一到初五，袁府可以赌博打牌，但初五之后，就禁止了。

前边说过袁世凯的餐具都是大一号的，大瓷盘，大瓷碗，他喜欢用大号的餐具，吃起来痛快，享受食物的本味。袁世凯的食量很大，每天早餐除了要吃鸡丝面，还要吃一大盘白馒头，一大盘鸡蛋，另外配上咖啡或茶一大杯，饼干数片。午餐和晚餐除了正常的食量外，还要外加四个鸡蛋。快六十岁的时候，袁世凯还能吃下整只鸡和鸭。

在天津练兵的时候，袁世凯特别爱吃狗不理的包子，还进献给慈禧。慈禧也非常爱吃，袁世凯就派快马从天津送到北京给慈禧。狗不理包子从此名声大振，成为天津名吃代表。

我第一次吃到狗不理包子的时候，并没有特别惊喜，算不上我这一生吃到的最好的包子。对于现在的狗不理包子，应该提两点改进意见：弃酱油用盐，弃芝麻油用猪油。因为酱油有时候是会败味的，而猪油可以增香。

我目前为止吃到的最好的包子是在"京城孟尝君"黄珂家里的"黄门宴"，做法是用自发面做皮，带皮的肥六瘦四的鲜咸肉，加鲜笋、香葱，再加汤，做成馅料。其中汤是用鸡爪、猪皮和猪的脊骨熬成的，冷却成肉冻，加到馅中。然后大火蒸出。我就等在锅边，趁热吃。黄珂连续吃了四个。我吃了四个之后，觉得还不够，冒着晚上不吃饭的危险，又吃了三个，真是创了个人纪录。

袁世凯到河北任直隶总督兼北洋大臣的时候，当地盛宴接待。知道袁世凯爱吃海参，当地官员便创意了一种新的海参吃法，用涿州贡米酿入海参腹内，加上葱、姜、胡椒、醋、蛋皮，煨制而成。这种做法柔润清香，蛋皮柔脆，酸辣开胃。袁世凯非常喜欢，命名为直隶海参，成为河北名菜。

袁世凯也喜欢喝茶，他位高权重，自然有人讨好。1905年前后，安徽六安县的商人朱某，经常以家乡特产讨好袁，不惜工本选取每棵春茶的一两片嫩叶，炒制成茶。这种茶很快名声大振。因为形状像瓜子片，后来被叫做"瓜片"，成为名茶之一，至今盛销。

袁世凯还爱吃一道河南名菜铁锅蛋，这道菜的特点是色泽红黄，油润明亮，鲜嫩软香。

其实这道菜原来是用铜锅做的，后来袁世凯常到北京的河南特色饭庄厚德福吃饭，提出铜锅上的锡对身体不好，店主就想办法改进，用铁锅制出了更加精致美味的蛋品，命名为"铁锅蛋"。

民国美食大家唐鲁孙先生对铁锅蛋亦有如下描述，让人读后大流口水：

鸡蛋六枚破壳放在大碗里，用竹筷子同一方向急打一两百下，打得蛋液发酵，在碗里蛋液泡沫如同云雾一般涨了起来，然后将铜锅在灶火上烧红，放入炼好的猪油、虾子、酱油，先爆葱、姜，爆香拣出，蛋液倒入油中翻滚，然后将铜锅用火钳子夹住离火，工夫久暂那就要看大师傅手艺了。此刻蛋在锅里，已经涨到顶盖，堂倌快跑送到桌上，不但锅里蛋吱吱作响，而且涨起老高，不仅好看，且腴香噗人……

当鲁迅在风波里
用乌黑油亮的蒸干菜下着
松花黄的香米饭
这时一条蒸鱼
从狂人日记中
细嫩腴滑地游向
孔乙己坐东朝西的胃口

一颗带着桂皮之香的
茴香豆掉落地上
那是孤独者魏连殳
用落寞熏着迅哥儿的鱼头

在酒楼上
鲁迅打了一斤黄酒
用十个浇有辣酱的油豆腐
暖和着大雪纷飞的社会
顺着味道向窗外望去
外酥里的内嫩
软绵中的透空

鲁迅与美食、文章及酒

鲁迅的北京美食地图

2011年，是鲁迅诞辰一百三十周年。毛泽东曾评价鲁迅：不但是一个伟大的文学家，还是伟大的思想家和革命家。这种评价实际上把鲁迅推上了神坛。神坛之上，人们很难把鲁迅与美食、美酒联系在一起。实际上，在吃喝这件事上，鲁迅是个地道的行家，不但会吃，还会做，对许多菜肴都有堪称"行话"的独特见解。

北京是鲁迅从日本归来后长期生活的城市，从1912年到1926年，共生活了十五年。仅从这一时期的鲁迅日记中，我们就发现他去过的有名餐馆有六十五家！

鲁迅对于北京菜、北方菜非常喜爱。著名作家萧军回忆说，鲁迅对北方的面食和菜品非常喜欢，回到上海后还念念不忘。许广平甚至曾想为其请一位北方厨师到上海，因为厨师薪水太高，才打消了这个念头。

鲁迅记录的六十五家北京餐馆包括：广和居、致美楼、便宜坊、集贤楼、览味斋、同和居、东兴楼、杏花村、四川饭店、中央饭店、广福楼、泰丰楼、新丰楼、西安饭店、德国饭店等。这还是不完全的统计，鲁迅去过的餐馆应该超过百家。作为大文豪，鲁迅把吃饭这件事看得很重，在日记中占了重要篇幅。这是民国新风尚，不同于古代文人"君子远庖厨"的习惯。

古代文人笔录中也有美食记录，如宋人孟元老的《东京梦华录》、吴自牧的《梦粱录》、周密的《武林旧事》等，但几乎不会提到餐馆的名字。鲁迅日记详记餐厅名录，是非常珍贵的资料。

在众多餐馆里，鲁迅去得最多、最喜欢的是广和居。广和居是北京"八大居"之首，店址在宣武门外菜市口附近的北半截胡同南口路东，1932年停业。这里是北京文人雅士以及官员常常聚会的地方，在民国时期非常兴盛出名，曾有人书写楹联：广居庶道贤人忘，和鼎调羹宰相才。

鲁迅经常到这家店的一个重要原因是距离近。鲁迅当时住在山会邑馆（绍兴会馆前身），所在的胡同就斜对着广和居大门。如有客人拜访，鲁迅甚至会直接让广和居送"外卖"到家里。

广和居是四合院布局，院里分成大小各种房间，有个人独饮的房间，三五人小酌的房间，也有十多人大聚会的房间。这符合鲁迅爱和朋友吃饭的需求，他常呼朋唤友，多数是三五个人一起吃。

当然最重要的还是因为广和居有鲁迅喜欢的菜，那里的菜基本上是宫廷菜改造的。例如潘鱼、炒腰花、油炸丸子、四川辣鱼粉皮、砂锅豆腐、清蒸干贝、酸辣汤等，这些也都算得上民国时期的代表菜。

广和居能吸引这么多名流和官员来，除了菜品味道好，也因为它的菜多有典故，富有文化内涵。比如其招牌菜之一的"潘鱼"，就是晚清翰林潘祖荫创造的，以前叫做潘氏清蒸鱼。还有一道"曾鱼"，是曾国藩创造的。这自然让官员和文人感兴趣，还会引来很多附庸风雅的人。

鲁迅喜欢广和居一道叫"三不粘"的菜，是用鸡蛋白、糯米粉、白糖、清水加工烹制而成的。这道菜讲究烹制时动作快，成品似糕非糕，似羹非羹，用汤匙舀食时，要一不粘匙，二不粘盘，三不粘牙，清爽利口，故名"三不粘"，还有解酒的功用。这个菜名还是清朝大臣李鸿章的女婿张佩纶取的呢。

爱吃"三不粘"大概也与鲁迅爱喝酒有关系。鲁迅属于每顿饭必喝酒的人。史料记载，他和郁达夫喝酒的次数最多。鲁迅酒量不大，经常喝得酩酊烂醉，而且在喝酒的过程中烟不离手。郁达夫1933年曾作诗赠与鲁迅，其中写道："醉眼朦胧上酒楼，彷徨呐喊两悠悠。"

鲁迅好酒这事常被敌人拿来攻击讽刺，曾有人在报纸上发表漫画，画着一大坛绍兴酒，旁边缩着一个很小的鲁迅。

鲁迅和郁达夫喝酒常用的下酒菜是炒腰花、辣鱼粉皮、砂锅豆腐等。广和居的炒腰花做法较特别，用两口锅同时炒制：一口锅加猪油和花生油烧热，另一口锅煮水，将切好的腰花放进热水里焯。待油温升到最高时，马上把腰花从水中捞出放入油锅爆，旋即放在漏勺里，留一点底油炒一些青蒜苗、木耳，再把腰子加进去快速翻炒，勾好芡，加姜水、料酒、酱油、味精、糖、醋少许即成。先过水后过油，能让炒好的腰花呈金红色并保持脆嫩，非常适合下酒。

辣鱼粉皮在清末民初的时候叫四川辣鱼粉皮，但这个菜实际上是老北京的菜，是北京菜中非常少见的加干红辣椒制作的菜品。

鲁迅喜欢吃辣，据说最开始吃辣是为了解困，后来就上瘾了。1918年5月鲁迅在《新青年》上发表短篇小说《狂人日记》引起极大反响，这个小说被胡适称为中国现代小说的"开山之作"。鲁迅为此请胡适到北京绍兴会馆吃饭，第一道菜就是放过辣椒的梅干菜扣肉。

这个菜胡适非常喜欢吃，但他好奇菜里有辣，便问鲁迅："据我知江浙一带人爱甜不爱辣，先生好像是个例外。"鲁迅答："绍兴人确无吃辣椒之好，独鲁迅有辣椒之嗜，我是以此物解困。夜深人静、天寒人困之时就摘下一支辣椒，分成几节放进嘴里咀嚼，只嚼得额头冒汗，周身发软，睡意顿消，于是捧书再读。适之先生可以一试。"

胡适听了大笑。

这段故事说明二人关系一度非常融洽，最终反目，则是后话。

在酒楼上的鲁迅

鲁迅在京期间，几乎尝遍京城著名餐馆，著名的"八大楼"和"八大居"，都或多或少地留下了他的足迹。这份与北方美食结下的不解之缘，让离开北京后的他也一直念念不忘北方美食。

当时鲁迅住在北京的西城，吃饭就近，便经常去西四牌楼路西的同和居，这也是北京著名的"八大居"之一，经营山东菜。其名菜有炸肥肠、九转肥肠、三不粘等，甚至也有广和居的招牌菜——潘鱼。

其实同和居的头厨和二厨都是在广和居歇业时，为了不使名菜失传，而从广和居被挖过来的。鲁迅最喜欢这里的炸虾球，因为这个菜类似于绍兴口味，是南北融合时北方菜馆引进的新菜。另外，鲁迅喜欢这里烤的半斤一个的混糖大馒头，就是在馒头上刷一层油然后烤制。

现在北京城讲究"吃在东边"，鲁迅那时候，东城也有很多美食，但由于他工作在西城，去得比较少。日记中记录的，比较著名的馆子有东兴楼。

鲁迅和胡适在东边有过两次饭局，都是在东兴楼。一次是胡适请鲁迅，另一次是郁达夫请鲁迅和胡适。鲁迅1932年2月27日日记："午后胡适之至部，晚同至东安市场一行，又往东兴楼应郁达夫招饮，酒半即归。"看来这次吃得不太高兴，或许为胡鲁两人纷争的开端之一。

鲁迅这顿饭没吃好，但郁达夫选的东兴楼的菜还是很地道的。

东兴楼1903年开业，原址在北京东安门大街，1944年停业，1982年又复业于东直门内大街簋街，是民国初年北京"八大楼"（东兴楼、泰丰楼、致美楼、鸿兴楼、正阳楼、新丰楼、安福楼和春华楼）之一。

这些楼鲁迅去过大半，虽然各个楼都有重复的菜品，但是各有各的特色。比如酱爆鸡丁是鲁迅和胡适都非常喜欢吃的菜品，这个菜东兴楼做得最好。

据说东兴楼是清宫一个何姓梳头太监开的，有很多从宫里面出来的厨师，像酱爆鸡丁、砂锅熊掌、燕窝鱼翅都是东兴楼从宫廷菜里转移过来的。

酱爆鸡丁是家常菜，家家能做，但宫廷的做法要求把鸡做得嫩如豆腐，色香味俱全。这道菜要做得好吃，有很多讲究，比如要用猪油爆炒，要用黄酱而不是用甜面酱，但就这两点，现在的很多餐厅都难以做到了。

我一直强调，饮食文化要创新，但基础一定是先保留和传承传统，否则就是乱来了。

西城一家叫做和记小馆的餐厅是鲁迅经常去的地方，基本上相当于他的工作食堂了，与鲁迅工作的教育部就隔着一条马路。这里的东西可口，价钱便宜。

鲁迅在1918年正月廿三的日记中提到："微雪。午二弟来部，并邀陈师曾、齐寿山往和记饭。"实际上和记以卖牛羊肉出名，鲁迅最喜欢吃这里的清汤大块牛肉面，遗憾的是北京现在很少能吃到这种面了，我们不如鲁迅有口福。

鲁迅中午还常拉着陈师曾、齐寿山去西长安街一家名叫龙海轩的小饭馆去吃饭。中午鲁迅喜欢喝点小酒，这家的拿手菜是软炸肝尖，是他很喜欢的下酒菜。这道菜将猪肝上部切成片，用盐、料酒、味精腌制片刻，然后挂鸡蛋糊，再用七八成热的花生油炸，在表面的糊刚刚凝固的时候就捞出来，加热锅里的油至沸热，再把肝尖放下去炸。这样经过两次炸制的肝尖外酥内嫩。

鲁迅常去的馆子，还有淮扬风味的南味斋、玉春楼，福建餐馆小

『午后胡适之至部，晚同至东安市场一行，又往东兴楼应郁达夫招饮，酒半即归。』

有天，河南餐馆厚德福，广东馆子醉琼林。1912年9月11日鲁迅日记记载："晚胡孟乐招饮于南味斋，盖举子之庆也，同席共九人……"这个南味斋与当时的春华楼、醒春居都是著名的江苏馆子。拿手菜是糖醋黄鱼、虾子蹄筋。1912年9月27日的鲁迅日记又提到："晚饮于劝业场上之小有天，董恂士、钱稻孙、许季黻在坐，肴皆闽式，不甚适口，有所谓红糟者亦不美也。"

闽菜的一大特色是善用红糟作配料，有煎糟、拉糟、醉糟等多种多样的烹调方法，传统名菜有"醉糟鸡"、"糟汁川海蚌"等。

看来鲁迅对闽菜还是不太适应，少见的在日记中提到不喜欢吃的"美食"。

一个人的胃口其实和一个人的性格有关系，例如太固执的人总是喜欢吃他认准的几样，吃到其他的就说不好吃；而心胸宽广的人，相应的食域也更宽广。

从日记中对美食的恶评看，鲁迅其实不算一个心胸宽广的人，常常一生气，就开始写文章骂人。

致美楼也是鲁迅喜欢的"八大楼"之一。致美楼以前经营姑苏菜，乾隆年间开业，1948年歇业，1980年重新开业。它的拿手菜是抓炒鸡片、糟熘鱼片、油爆肚丝等。这说明致美楼的厨师技艺很高，因为熘、抓炒、拔等制作技法很考验厨艺，没有能力的人根本做不了。

我曾收藏过一份1984年4月23日致美楼宴会菜单。菜单一面已经印好了招牌菜，另一面则是空白的。订餐时根据不同需要，会有专人用毛笔现场隶书填写。菜单上部印有"致美楼风味菜"几个字，这几个字1980年重新开张后由溥杰题写。

　　菜单中有两款宫廷菜，一个叫"游龙戏凤"，用鸡和鱿鱼合烹。另一个叫"五柳鱼"，是用鱼丝、猪肉丝、香菇丝和笋丝一起炒制的，都是制作难度很高的菜。由此可看出致美楼厨师的技艺，的确名不虚传。

且介亭与上海菜

在鲁迅五十五年的人生中，上海是个重要的地方，他人生最后的九年生活在这里。

作为一个民族主义者，鲁迅却选择住在租界林立的上海滩，并且住在日本人密集的虹口区，这很耐人寻味。上海人、著名学者陈丹青认为，鲁迅选择上海居住是综合考虑，但内心并不快乐，比如他这一时期写的文章结集为《且介亭文集》，就是取"租界"两字各半拼成，颇有苦味自况的寓意。

苦归苦，但日子还要过，朋友还要交。在上海的鲁迅，文坛地位更高，朋友更多，还组织了"左联"，饭局自然也不少。上海地处长江口，是各种美食汇集之地，这很合鲁迅的胃口。与在北京时一样，上海的很多知名餐馆，都留下了他的足迹。

知味观杭菜馆是鲁迅在上海期间去得最多的地方。它于1930年开业，原设于芝罘路西藏路口，后迁至福建路南京路口，原由杭州老板及名厨创办，以经营正宗的杭州风味为特色，拿手菜有西湖醋鱼、东坡肉、叫化鸡、西湖莼菜汤等。这些都是浙江的名菜，西湖醋鱼也是蒋介石非常喜欢的菜。

1933年10月23日，鲁迅曾在知味观宴请日本福民医院院长和内山君等好友，亲自点了"叫化鸡"、"西湖莼菜汤"等。席间，鲁迅特别向客人介绍了"叫化鸡"的来历和做法。

这些精彩介绍引起了日本朋友极大的兴趣。福民医院院长回日本后，广泛宣传杭州菜的特殊风味，使知味观及其经营的"叫化鸡"、"西湖醋鱼"等菜肴在日本出了名。直到20世纪80年代初，"日本中国料理代表团"和"日本主妇之友"成员到上海访问时，还指名要到知味观品尝"叫化鸡"和"西湖醋鱼"。这也从一个侧面说明名人对美食的影响力非同一般。

在北京的时候，鲁迅就很爱吃河南菜，经常去豫菜名店厚德福。到了上海，他又发现了新的豫菜名楼——梁园致美楼。这个酒楼实际上是河南菜和北京宫廷菜结合的菜馆，以河南菜为主。由河南开封人岳秀坤等创办，1920年开业，原设于汉口路云南中路路口，1980年迁至九江路浙江路路口附近。

名人无疑是菜馆最好的广告，李白一首"兰陵美酒郁金香"让兰陵美酒传了上千年。鲁迅是沪上名人，到梁园吃饭，很得老板照顾，甚至上门给鲁迅做家宴。1934年鲁迅日记曾记录："晚熟梁园豫菜馆来寓自馔。"

扒猴头是梁园最出名的菜，也是河南名菜，与熊掌、海参、鱼翅并称，鲁迅很喜欢这道菜。"投其所爱"，鲁迅的好友，著名翻译家、散文家曹靖华，就经常送猴头菇给鲁迅。曹的家乡在河南省卢氏县，县里的小林子路口有一个小坪坝，只长七棵直径约一米半的大桦栎树，当中一棵有一个碗口大的猴头窝，每年七八月阴雨初晴的时候就长猴头蘑菇。1936年8月25日（鲁迅病逝前两个月）鲁迅日记中曾记录："午后靖华寄赠猴头菌四枚，羊肚菌一盒、灵宝枣二升。"8月27日鲁迅回信给曹靖华："猴头闻所未闻，诚为尊品，拟俟有客时食之。"9月7日鲁迅请梁园的厨子来家中制作扒猴头这道菜。之后又给曹靖华回了一封信，大意说猴头味确很好，与一般蘑菇味道不同，南边人简直不知道这个名字。他在书信中还提到：但我想如经植物学家或农学家研究，也许可培养。

鲁迅培养猴头菇的愿望在四十多年后还真的实现了：1979年浙江某微生物厂有个叫徐序坤的厂长，以金刚刺的残渣为培养基，用上海市食用菌研究所驯化的猴头菌种选育出生产周期短、产量高的99号菌株。后成为量产商品，打入国内外市场。"睹物思人"，这让曹靖华很感慨，曾专门撰文说鲁迅的愿望实现了。

德兴馆是上海比较知名的菜馆，原为建筑商万云生创办，开业于1883年，原设于南寺十六铺附近的真如路"洋行街"，后迁至东门路，以经营大众化的饭菜为特色，20世纪30年代由钱庄老板吴丙英任经理，扩建后以经营上海风味炒菜为特色。看家菜有虾子大乌参、扣三丝。很多上海大亨都钟情于这里，鲁迅这样的美食家自然不会错过，并常请外地来的朋友到此吃饭，以品尝正宗的上海风味菜。

功德林现在几乎已成素菜的代名词，名气很大，北京也有分号，但它其实是起源于上海的，由杭州皇城山常寂寺高维均法师的徒弟赵云韶等创办，原设在上海北京东路贵州路路口，1922年开业，1942年迁至黄河路南京西路附近。主要的名菜有五香烤麸、功德火腿、素蟹粉、罗汉菜等。这里很受文化名人的青睐，除了鲁迅以外，柳亚子以及沈钧儒、邹韬奋、史良、沙千里等"七君子"也经常光顾此店。

即使是吃饭，鲁迅也展示了其"爱憎分明"的个性。他不喜欢功德林里用豆制品制成的足以乱真的素肉、素鸡、素鱼等，认为这是吃素人的虚伪，心中念念不忘吃荤，饭店才开发出这种变异的菜式。算是以菜为例，顺手做了国民性的剖析。

书案上那碟梅菜扣肉

鲁迅是浙江绍兴人，这里善出师爷、刀笔吏，笔头子厉害。鲁迅也是文笔老辣，语言犀利如手术刀，颇受其家乡文化积淀的浸染。

其实一个人的一生与他出生的地方是永远脱不了干系的，不但是文化基因，饮食基因也是。我认为，一个人的童年饮食习惯往往决定了其一生口味的基调，一个人成年后的所谓美食，往往也只是在"找回童年的味蕾记忆"而已。

鲁迅贵为大文豪，也逃不过这个规律。在他的小说里，不乏美食的影子，尤其是绍兴美食，出现的频率很高。

《祝福》中提到，绍兴城内的福兴楼有道菜叫清炖鱼翅，一元一大盘，价廉物美，是不可不吃的。那个福兴楼在现实当中并不存在，它是小说虚构的。但是清炖鱼翅这道菜的原型，却真实存在。

当时绍兴有一家叫同心楼的老店，清炖鱼翅是这里的拿手好菜。

清炖鱼翅是取鲨鱼的鳍做原料，经过泡发，放在鸡汤火腿汁里清炖，成品像粉条一样白嫩软糯。料理的过程中，要在鱼翅下用鸡鸭肉垫在碗底。鱼翅本身无味，需要靠鸡鸭肉填补。这正应了中国烹饪上的一名言：有味使之出，无味使之入。

鲁迅在《阿Q正传》中写到这样一句话："油煎大头鱼，未庄都加上半寸长的葱叶，城里却加上切细的葱丝。"而绍兴菜烹鱼确实都放一些切得精细的葱花，我的四川老家也是这样，直到现在，我做鱼也喜欢放一些葱花，与泡椒、泡姜、糖、醋等调料一起使鱼肉变得酸辣适口。

绍兴水网密布、河渠纵横，那里独有的乌篷船，常常载满鱼虾，形成一幅充满田园味道的美景。所以绍兴菜多用鱼虾为主料，口味以鲜嫩著称。但鲁迅不太喜欢吃鱼，他觉得鱼刺太多，吃起来麻烦。

据说鲁迅少年时期在绍兴，喜欢吃什锦蛋。这个蛋的做法非常特别，经过我的考证，做法大概是这样的：在蛋的一头开一个小洞，倒出蛋清及蛋黄，将其与虾丁、笋丁、肉末、盐共同搅拌。后再装入蛋壳，整个放在笼屉里蒸。这道菜的做法与清代菜谱《食宪鸿秘》中记载的"肉幢蛋"相似。《食宪鸿秘》中记载的做法是：拣小鸡子（鸡蛋），煮半熟，打一眼，将黄倒出，以碎肉加料补之。蒸极老，和头（配菜）随用。

这个肉幢蛋后来被有文化的厨师借用成语创新了一道菜，叫"脱胎换骨"。蛋的制作方法为"脱胎"。另把排骨煮到半熟，抽出其骨，换上一个葱茎，挂糊油炸。炸好的排骨用来在盘中围边，中间放上蒸蛋，是为"脱胎换骨"。

绍兴的臭豆腐、臭千张，也是鲁迅难以忘怀的家乡味道。臭豆腐大家很熟悉了，我说下臭千张的制作方法：将豆腐皮经水浸泡后放上盐、麻油，再用荷叶封起来，让其发酵两昼夜，上屉蒸，熟后，则臭中带有一股诱人的鲜香。

绍兴菜中，鲁迅最爱梅干菜扣肉，这是浙江菜的代表之一。浙江菜是八大菜系之一，绍兴菜是浙江菜的分支，绍兴菜又以梅干菜系列最为独特和出名，给浙江菜注入了独特的文化和美食内涵。

绍兴人很喜欢吃腌菜，梅干菜就是由芥菜腌制而成的。做法是：用芥菜或者雪里蕻晒干、堆黄，再用盐发酵，之后晒干。四川的盐菜也是这个做法，也是用芥菜。腌制芥菜的关键在发酵。这种菜咸淡适中、清爽适口，用它煨肉可以收到清淡、油而不腻的效果。成都人喜欢把芥菜做成泡菜，储存在坛子里，做菜时用作辅料，比如说炒肉丝或做肉丸汤时加入，可以增味提香。

牛肉和芥菜是非常好的搭配。我自己习惯用鲜芥菜炒牛肉丝。就是把芥菜和牛肉都切成丝，炝炒。一定要用猪油和菜籽油混合，加一点点花椒和辣椒炝锅，油热后马上把肉丝倒入，再倒入青菜，最后勾一点点汁。

绍兴是全国著名的梅干菜产区，这里出产的梅干菜鲜嫩清香，与肉同蒸很可口。梅干菜扣肉是绍兴当地农村的家常菜，民国时期被绍兴当地的菜馆收在菜谱当中。发展到八大菜系的时候，浙江菜又将其收为代表菜。它的做法与川菜中的烧白不同：先用梅干菜和肉一起煮，待汤汁收进肉中，这时肉还没熟；将肉捞起，在蒸碗里摆好，再将新的梅干菜以及刚才煮过肉的梅干菜一同放在肉上面，放进笼屉蒸两个小时。而四川的烧白是先将猪皮走油，然后与盐菜和调味料一起上笼蒸制。绍兴的梅干菜扣肉成菜色泽红亮，肥而不腻，咸甜入味。

鲁迅常用梅干菜扣肉招待朋友。在知味观宴请宾客时必点这道菜，而在家里请客的时候，他还会对这个菜做一点创新，就是放几个辣椒。这种创新和四川的盐菜扣肉很相似。盐菜扣肉里面加的是泡椒。不仅是梅干菜扣肉，很多用梅干菜制作的绍兴民间菜，都是鲁迅喜欢的口味。如梅干菜炒肉、虾米干菜、梅干菜炒毛豆等。鲁迅还喜欢用梅干菜和猪肉末做成馅料制作包子。

他胃很不好，而中医认为梅干菜味甘，可开胃下气、益血生津、补虚劳、治痰咳（鲁迅也有肺结核）。

鲁迅这么爱吃梅干菜，其实也算是一种食补吧。

螃蟹、茴香豆和山阴美食

其实不单在上海，在北京的那些年里，鲁迅也非常喜欢绍兴菜。当时北京专门做绍兴风味菜的山阴馆子有两家，一家名为杏花村，另一家叫颐芗斋，在万民路。这两个馆子离鲁迅的住处比较远，但鲁迅还是经常光顾，原因当然是难舍家乡菜。

杏花村和颐芗斋原店开在山阴，宋人陈莲痕在《京华春梦录》就有记载："山阴所设杏花村、颐芗斋之绍兴花雕……口碑尤甚。"这两个绍兴馆子的名头已有几百年历史。

颐芗斋的拿手名菜是红烧鱼唇、烩海参，杏花村的拿手名菜是熘鳝片，据说这道熘鳝片是鲁迅很喜欢的菜。"熘"这个技法与"扒"不同，熘是先把鱼片汆一次水，然后捞起来，在锅里放调料，打薄芡，再把鱼片放进去烹。

马兰头、绍氏虾球、清汤越鸡、茴香豆、小香干、大红袍（盐炒花生）也是鲁迅喜欢的家乡菜。这些大部分都是下酒菜，正合鲁迅的喜好。

每到一地，鲁迅几乎都会以吃喝的水准来评判此地是否宜居。1926年9月7日，这是鲁迅被迫到厦门大学任教期间的一天，他在给许寿裳的信中说："此地风景极佳，但食无极乐。"在同年10月3日他致章廷谦的信中又说："但饭菜可真难吃，厦门人似乎不大能做菜也。饭中有沙，其色白，视之莫辨，必吃而后知之……又开水亦可疑，必须用火酒灯（酒精灯）沸之，然后可以安心者也。"在其后的几封信中也提道："此处最不便的是饮食，饭菜依然不好，你们两位来此，倘若不自做菜吃，怕有食不下咽之虞。"

"文革"时期，有人发文评价鲁迅这段历史，提出鲁迅爱吃这事体现了其资产阶级作风。但也有为鲁迅辩解的文章称鲁迅形容饭菜难吃，并不是因为口腹之欲。这个辩护有些牵强了，鲁迅这样抱怨，当然是因为口腹之欲得不到满足。

鲁迅在信中提到美食，是很常见的。连给妻子的家书，也不例外。1929年鲁迅由上海回北京探亲。5月22日他在给许广平信中提道："云南腿已经将近吃完，是很好的，肉多油也足，可惜这里的做法千年一律，总是蒸。听说明天要吃蒋腿了，但大约也还是蒸。"

火腿称火肉，也叫兰熏或熏蹄。原产浙江金华一带，后传往各地。一般选用皮薄骨细、筋多肥少、肉质细嫩的猪腿做原料，经修坯、腌制、洗晒、整形、发酵、堆叠、分级等十余道工序，经冬过伏，历时十月制成。很多人都知道浙江有金华火腿，又称金腿，也知道云南宣威火腿，又称云腿，却很少知道鲁迅提到的蒋腿。蒋腿也叫雪舫蒋腿，又称贡腿，产于浙江东阳县上蒋村，雪舫是作坊主的名字。这种火腿大小适中，修长秀美，皮薄肉厚，瘦肉嫣红，肥肉透亮，不咸不淡，为火腿中的上品，是清代的贡品。

鲁迅很不满足千篇一律的蒸，有一次他甚至自己动手给日本友人川岛用干贝来清炖火腿，而且要蘸着胡椒吃。边吃边对川岛介绍，干贝要用小粒，炖火腿的汤撇去浮油，功用和鱼肝油相仿。鲁迅能把很麻烦的火腿收拾出来，并且知道做法及功用，可想而知他在吃方面已经是一个高手了。

提到鲁迅的吃，不能不提到螃蟹。大家常引用鲁迅的一句名言"第一个吃螃蟹的人是勇士"。这出自鲁迅的《今春的两种感想》，里面这样写道："许多历史的教训，都是用极大的牺牲换来的。譬如吃东西罢，某种是毒物不能吃，我们好像全惯了，很平常了。不过，这一定是以前有多少人吃死了，才知道的。所以我想，第一次吃螃蟹的人是很可佩服的，不是勇士谁敢去吃它呢？"

在鲁迅的年代，蟹是很普通的食品，到了金秋季节，江南一带就有大量的蟹上市。鲁迅喜欢买蟹到家里来吃，他通常有两种简单的做法：大闸蟹隔水蒸熟，用姜末加醋加糖食用；较小的蟹和上面做成油炸蟹，当做下酒下饭的小菜，现在江南还有这种吃法。

有时鲁迅会请他弟弟周建人一家到家里品尝大闸蟹。1932年10月鲁迅日记第三次记述："三弟及蕴茹并食蟹"。那个时候鲁迅还专门让许广平去选购一些阳澄湖的大闸蟹，分别送给在上海的日本朋友，比如说镰田诚一和内山完造（内山书店老板）。鲁迅也知道用食物去做人情、做外交，他留日的时候知道日本人爱吃蟹，常送蟹给日本人。如今，我们也开始拿蟹当礼品了。

在鲁迅的著作中关于螃蟹的话题不少，在著名的《论雷峰塔的倒掉》一文里，鲁迅也详细描写了江南食蟹的风俗，很值得玩味：

　　秋高稻熟时节，吴越间所多的是螃蟹，煮到通红之后，无论取哪一只，揭开背壳来，里面就有黄，有膏；倘是雌的，就有石榴子一般鲜红的子。先将这些吃完，即一定露出一个圆锥形的薄膜，再用小刀小心地沿着锥底切下，取出，翻转，使里面向外，只要不破，便变成一个罗汉模样的东西，有头脸，身子，是坐着的，我们那里的小孩子都称他"蟹和尚"，就是躲在里面避难的法海……

字里行间点心香

　　鲁迅是文豪，但从一些日常的饮食习惯来看，他有着和常人一样的小习惯和小爱好，例如特别喜欢吃零食和点心。而据我的观察，喜欢吃零食和点心的成年人，内心是非常浪漫的。

　　鲁迅日记中，对零食的描述很多。鲁迅爱吃甜点，其中一个原因是可以缓解工作中的紧张疲劳，另外鲁迅常常是后半夜工作，为抵御困倦和饥饿也促使其形成吃些糕点的习惯。

　　在日本留学的时候，鲁迅喜欢的点心叫羊羹，很像中国的豆沙糖。回国后他常常想起这个点心，就托人从日本带过来吃。1913年5月2日鲁迅日记中记载："午后得羽太家寄来羊羹一匣，与同人分食大半。"

　　在教育部供职时，鲁迅品尝过不少精美知名的点心。每到发薪的日子，他会顺路到一家法国面包坊买两款奶油蛋糕，每银元20个，算是非常昂贵的食品了，主要用来孝敬他母亲，自己也会吃些。

鲁迅最喜欢的糕点是蜜糖浆黏的满族点心萨其马。

萨其马可谓柔中带脆，香酥可口，甜而不腻。具体的做法是：用面粉、鸡蛋和成面条，油炸后拌糖浆，入模具制成块，再切小块而成。清代《燕京岁时记》中记载："萨其马乃满洲饽饽，以冰糖、奶油合白面为之，形如糯米，用木炭烘炉烤熟，遂成方块，甜腻可食。"

萨其马之名原用了满语，在制作时最后的工序是切成方块，再码起来。"切"满语为萨其非，"码"，满语为马拉木壁。"萨其马"是这两个词的缩写。

鲁迅还喜欢吃油炸的食品，包括油炸的菜品。

据说在北京时，朱安夫人常常用白薯切片，和以鸡蛋、面粉然后油炸，香甜可口，很讨鲁迅的喜欢。因为这种做法非常家庭化，餐厅反倒没有。

后来这个点心被戏称为"鲁迅饼"，不过这种做法在中国西南的土家族和苗族食品里都可以见到。那一带的小商贩会摆个摊子，有一口锅，锅里有油，油里有铁皮做的提子（模具），里面是炸油粑粑，但不同的是，这个小吃是用大米和黄豆磨成的，炸出来的香度比鸡蛋和白面粉还香。

1912年5月，鲁迅刚到北京时住在绍兴会馆，这里离观音寺稻香村只有两三里路。我粗略统计了，鲁迅日记，从1913年到1915年两年的时间里，到稻香村买糕点的次数有15次之多。在那个时候，进高档糕点店去买糕点是必须有些经济基础的，可见鲁迅在教育部任职的时候，待遇很不错。

鲁迅喜欢北方的面食，他在小说《孤独者》中写过："我提着两包闻喜产的煮饼去看友人。"闻喜煮饼迄今还是山西的名小吃，出于山西闻喜县。

虽然叫煮饼，其实制作方法并不是煮，而是炸，形状也不是饼，实际上是球。它是用面团做成的面皮，包芝麻加白糖等甜馅成球形，然后入油锅炸熟。我们老家做这种饼一般是用糯米。吃的时候掰成两半，可拉出一缕金丝，吃到嘴里酥沙松软、甜而不腻。

搬去上海，鲁迅又喜欢上了海上名点，其中一道叫做"伦教糕"，产自广东顺德伦教镇，是广东著名糕点。伦教糕是用大米磨糯，加糖水发酵，蒸制而成。

1935年4月鲁迅在《弄堂生意古今谈》曾提到此糕，在《临时杂文》又一次谈到上海市面出售的"桂花白糖伦教糕"。文章说伦教糕已经改原来的纯粹白糕为红白两种，白色是桂花糕，红色是玫瑰糕。可见鲁迅对这种食品十分熟悉，很了解每种点心的来龙去脉及演变历史。

我还考证出鲁迅喜欢一种叫做"小麦铃"的江南小吃，有些像"杭州猫耳朵"。

小麦铃主要是浙江的特色小吃，是著名作家曹聚仁的夫人王春翠做的。

王春翠回忆，她亲手用土豆、梅干菜和小麦铃一起煮给鲁迅吃，鲁迅一边吃一边问是怎么做的。然后王女士给鲁迅介绍说，先用揉好的面粉择成一小粒一小粒，然后放在竹筛上，轻轻地摁摁。摁出来的像小铃，里面是空心的，形如蝌蚪的小麦铃就出来了。鲁迅先生吃了满满一碗，连连称赞"好吃"。

小麦铃用筛摁出，这个做法很好。再将梅干菜和土豆片放在一起，我想，肯定非常美味。

翅针鲜亮

在深海

烹饪的尽头

缝补祖庵的胃口

探索味道的一方火腿

左边是赋味口蘑一斤

右边是煲汤肥鸭一只

彼此文火慢炖的前行

三天三夜

穿过紧收的汤汁

绕过可能的肥腻

直达软糯的光线

"民国政坛不倒翁"与现代湘菜

　　谭延闿自号祖庵，被称作"民国第一吃家"。这位老先生不简单，号称"民国政坛不倒翁"，做过两广督军、陆军大元帅、行政院长等，甚至传说孙中山一度撮合他和宋美龄结婚，被他拒绝，宋才成为蒋介石的夫人。

　　谭延闿算是出身名门，父亲谭钟麟担任过两广总督，他自己也是咸丰六年的进士。谭延闿的父亲就是一个吃家，这种机缘，造就了谭延闿在美食上的造诣，特别是对湘菜发展的巨大创新和推动。从某种意义上说，没有谭延闿，就不会有现在湘菜的面貌。直到今日，"祖庵菜品"还是湘菜中的著名系列和重要组成部分。

　　谭延闿父亲任两广总督时，家厨以粤厨为主，大部分来自潮州。潮州菜以前是粤菜的一部分，后来独立出来自成菜系。谭延闿祖籍湖南，成长时期又受到过粤菜的影响，以至于在此后的日子中，他对湘菜的发展，以及粤菜与湘菜的融合起到了很大的作用。湘菜本身厚汁重味，将粤菜的清淡香醇融入其中后，使湘菜的味道更加鲜美，为日后成为八大菜系之一打下基础。

很多名人好吃，谭延闿也不例外，而且美食还被其用作外交的手段。谭延闿有个很知名的座右铭——"三不主义"：一不负责，二不谏言，三不得罪人，这使他成为动荡局面里的不倒翁。"三不主义"以外，他就以美食与人交际，而用来待客的美食，则是以"祖庵系列菜品"为主。

祖庵系列菜品的产生，主要得益于他的两位厨子。一位是江苏籍主厨谭奚庭，以烹调淮扬菜为主；一位是湖南籍主厨曹敬臣，以烹调湖南菜为主。淮扬菜清淡，湖南菜味重，谭延闿对这两个菜系的喜爱，为以后湖南菜和淮扬菜的发展起到了重要的促进作用。

来自江苏的谭奚庭，本是扬州一个盐商的家厨，做得一手好的淮扬菜。清代到民国初期，盐商富甲一方，也都喜欢吃，对家厨的标准也很高，挑选出来的家厨个个身怀绝技。谭奚庭本身对美食极有天赋，在盐商家里又获得了熏陶，厨艺自然精湛。盐商过世后，谭延闿花重金把谭奚庭聘为厨师。

1920年谭奚庭辞去了谭延闿家庭厨师的职位，到长沙主持经营玉楼东酒家。这是家历史悠久、声名远播的酒楼，前身叫玉楼春，光绪三十年（1904年）始创于湖南的青石桥。谭奚庭过来后，自己更名为玉楼东，并且身兼大厨和经营管理者。谭奚庭有一手美食技术，不仅可以做江浙的淮扬菜，还可以做京苏的细点（点心）。

在那个年代，能给大人物当家厨，算是对其厨艺的高度认可，尤其谭奚庭还是大美食家谭延闿的大厨，得到过谭延闿的言传身教。所以自己出来开店后，顾客非常认可。

当时玉楼东菜谱被称为奚菜奚点，风味独特，名声大振。一位翰林出身的书法家叫曾广钧，是曾国藩的长孙，为谭奚庭所经营的玉楼东赋诗一首："麻辣子鸡汤泡肚，令人长忆玉楼东。"谭奚庭将题词悬挂在餐厅里以招揽顾客。而麻辣子鸡、汤泡肚迄今为止仍然是湖南的名菜。

玉楼东算是经营湖南菜和淮扬菜混合的官府菜菜馆。鸭掌汤泡肚是玉楼东口碑很好的招牌菜，这道菜也是谭延闿特别喜爱的菜品。据我考证，汤泡肚是非常清淡的一道菜。谭延闿以前在行军打仗时，常命厨子随身带上制作这道菜的食材。可以这样说，实际上是谭延闿这些美食高手把这道菜带到湖南，同时又把湖南菜的风味也融入其中。

鸭掌汤泡肚是以猪肚尖、鸭掌为主料，以口蘑、豆苗为辅料，用鸡、猪骨头、鸭骨架、精瘦肉、葱、姜、酒长时间熬制而成的清鸡汤为主要的调料。肚尖要制得脆嫩，先将其切出鱼鳃形，使之受热快且均匀。花刀切完以后，先用汤炖好，然后捞起来，上桌的时候再把肚尖倒在鸡汤里。品尝汤泡肚，确实有一种唇齿留香、常忆不能忘怀的感觉。

提起这个菜，也常勾起我的回忆。

我记得，20世纪70年代初的时候，我母亲用土鸡、猪肚、黄豆，和姜、葱、盐、酒、醋一起炖煨，先用猛火然后用文火慢炖四小时。煨炖的时候二十米开外都能闻到香味。现在，我也常常按照母亲的做法去煲汤，但有时我会略加一些火腿和花椒，有时也加一些腊肉，味道非常醇厚弹香。

谭奚庭走后，接替他的是一个很不起眼的人。史料里描述这个人一口湖南话，能做一手好菜，特别是鱼翅、鲍鱼、豆腐等。这个人就是谭延闿最重要的厨子曹敬臣，小名曹四。其拿手菜红煨鱼翅，是谭延闿最喜欢吃的东西。

曹敬臣对"祖庵系列菜品"的形成起到了不可忽视的作用。谭延闿死后，曹敬臣在长沙坡子横街开设了健乐园。健乐园以祖庵鱼翅、祖庵豆腐、祖庵鱼生、祖庵笋泥为招牌菜。当时国民政府主席林森从南京乘汽车到重庆，经过长沙的时候，长沙市总商会会长左学谦就在健乐园设宴为林森洗尘。

曹敬臣在任谭延闿家厨之前，是湖南布政使王庚年的厨师，其时与肖荣华、柳三和、宋善斋并称长沙四大名厨。

其中肖荣华出名最早，在20世纪20年代初就开设了飞羽觞酒楼，在长沙的理向街，也就是今天的蔡锷中路奇峰阁所在地。临街两层楼房，清堂雅致，坐客常满，其拿手菜为锅巴海参、奶汤蹄筋、鲜花菇无黄蛋等。

柳三和是长沙东湘长桥人，民国初年也是谭延闿以及知事江济寰所推许的。当年有人宴请谭延闿和江济寰，如果不是柳三和做菜，这两个人不动筷子。柳三和后在长沙中山东路的一个陈列馆后面开设了自己的酒楼——三和酒家，以素烧峰、七星酸肉、三层套鸡、生炒牛肚丝为拿手菜。

宋善斋原来是魏姓家庭的一个厨师。姓魏的在南门外麻家湾创设了商余娱乐部，集吃喝玩乐于一体，由宋善斋主厨，那里也就成了当时成商富贾宴友的著名场所。

美食家的家厨

谭延闿本身是个美食家，对烹饪常有自己独到的见解。他常常把这种见解传授给自家的厨师，以提高他们的厨艺。

现在也流传一种说法：成就祖庵菜的，谭是"设计师"，脑里食经精通；家厨曹敬臣是"工程师"，手上厨艺精湛。

两人分工明确：谭只谈不做，曹只做不说，配合默契。一些古怪的吃法、经典的说法、时尚的做法，经谭一说，曹厨师足不出户便能心领神会，做上桌来，其味绝妙。

当时南京城内传说："若要宴请谭院长，需先邀请曹厨师。"

曹敬臣的拿手菜红煨鱼翅，是谭延闿最喜欢的。

每次曹敬臣煨好鱼翅之后，总是在谭延闿旁边等候听取谭延闿品尝后的意见。谭延闿会对火候、刀法、味道等进行评价，不仅是鱼翅，其他菜也这样。曹敬臣就根据谭延闿的意见逐渐改进，促进自己的手艺日臻炉火纯青。

谭延闿自己也会做菜，虽然动作和用料上没有厨师娴熟，但是他能够把握做菜的方向。

根据谭延闿的长子谭伯羽的著作《吾家谭厨》里面记载："大宴时或有时新菜上桌，曹四（曹敬臣）必帷后窃听先公之批评，以为准则，其虚心如此。"

1930年9月22日，谭延闿不慎落马坠地，引发脑溢血而死，年仅五十一岁。曹敬臣送他一副挽联，一语双关，颇具匠心：

静庭退食忆当年，公子来时，我亦同尝甘苦味；

治国烹鲜非两事，先生去矣，谁积调和鼎鼐心。

我曾在湖南发现一个菜单，是曹敬臣做鱼翅的记载：

先将干鱼翅四斤煮三小时，冷却后去沙去脆骨，换上冷汤再烧开。每天换水两次烧开两次，如此重复三日，腥味皆去方可用。

之后取大瓦钵用五花肉五百克垫底，将发好的鱼翅放在五花肉上，再放一整只一千至一千五百克的肥母鸡，同时还要放一千至一千五百克的猪肘压在鱼翅上。

接着，加二百五十克绍酒，淋在鸡和肘子上。再加水以淹没肘子为好，放葱、姜、盐少许，大火烧开之后转小火煨四小时。

等鱼翅融烂，浓汁透翅时端出，将肥鸡、猪肘、五花肉去掉另做他用，只拿鱼翅装盘，再取钵中的浓汁加鸡油五十克，下锅酥一下盖在鱼翅上。

这是湖南本地祖庵鱼翅的做法，在南京则有所不同，不加猪肘而加火腿，火腿加进去比猪肘味要浓。

很多书里说曹敬臣做祖庵鱼翅加了火腿，那是在南京的做法，回到湖南还是用猪肘。他在谭延闿家里时用火腿，自己开店的时候用猪肘，因为湖南当地只产腊肉不产火腿。

曹敬臣这个厨子做菜有三字要诀：滚、烂、淡。这三字要诀实际上是淮扬菜的做法。曹敬臣虽然是湖南人，但经过谭延闿调教多年，把淮扬菜、粤菜也做到了炉火纯青的地步。

他的烹饪技巧是煎与炒用武火，炖与煨用文火，而且木炭、柴薪、煤各有各的功能。还有作料的配合，葱、蒜、椒、酱、盐、醋、豆豉相互辅佐，丝毫不能马虎。

比如说浏阳的豆豉全国出名，比其他地方的豆豉更有味道。那么曹敬臣在做菜时，该用浏阳豆豉的地方，绝不用其他地方的豆豉代替。

谭延闿和曹敬臣在这方面的要求是同样的，在用料的时候必须要讲究，不能勉强。

祖庵系列菜值得一提的是祖庵豆腐。

谭延闿在长沙当督军的时候，专门挑选了一家刘姓夫妻开的豆腐店，这个店制作的豆腐不外卖，专供各大公馆使用。

其制作豆腐的黄豆选用湖南攸县"六月爆"和"十粒五双"，这些黄豆大小一致。制作用水是长沙沙井水，再以湘潭的石膏点卤。看上去不过是一块普通的豆腐，但是食之柔嫩，味美无比。

祖庵豆腐的做法是将水豆腐打碎成浆过滤落筛，取一只肥鸡脯肉捣碎加入豆腐里。

然后按照蒸鸡蛋羹的方式蒸，一直到起蜂窝眼（蜂窝眼的作用是将汤汁收进豆腐中，味道更鲜美）。

然后下火，冷却后用刀切成骨牌片。

然后入锅油炸片刻，取出用瓦钵加鸡汤蒸熟。

临上桌之前将钵内蒸出的汤水挤掉，再用鸡汤收汁，然后浇上鸡油。

想起来都会觉得好吃。

有人问过谭延闿，祖庵豆腐与其他豆腐有什么不同？

谭延闿对这道菜非常得意。他说豆腐虽属寻常的东西，不过佐治的作料却不便宜。因为，这里面口蘑是少不了的，千万不能用香蕈（香菇）冒代。原味清正的鸡汤，鸡必须用土鸡，过老的鸡也不行，过嫩的鸡也不行，雄鸡不能替，抱蛋鸡也不能用。豆腐要小磨磨，用盐卤点。

20世纪80年代初的时候，我在老家重庆酉阳的酉酬中学教书，那里有一条酉水河，从湖北流过来并一直流到洞庭湖。酉水河两岸的黄豆长得特别好，做出来的豆腐全国知名，既香又嫩。逢年过节，县城里面富裕一些的人家都会开车去那订豆腐，在除夕之前弄到家里来。

因为豆腐的细嫩，所以我们也经常用它来形容女孩的肤色，我们会把漂亮女孩叫做豆腐西施。可以说，一方水土成就一方豆腐，也成就了一方人。

谭延闿淮扬菜、粤菜、湘菜三结合的祖庵乳猪鱼翅席菜单

四冷碟

宣威火腿、油酥银杏、软酥鲫鱼、口蘑素丝

四热碟

糖心鲍脯、番茄虾仁、金钱鸡饼、鸡油冬菇

八大菜

祖庵鱼翅、羊汤鹿筋、麻仁鸽蛋、鸭淋粉松、

清蒸鲫鱼、祖庵豆腐、冰糖山药、鸡片芥蓝汤

席面菜

叉烧乳猪（双麻饼、荷叶夹随上）

四随菜

辣椒金钩肉丁、烧菜心、醋熘红菜苔、虾仁蒸蛋

点心

鸳鸯酥盒、水果四色

南北谭家菜

　　与谭延闿同期的民国大美食家，还有一位姓谭的，守业北平，名震海内，自成一派"谭家菜"。谭家菜是清末官僚谭宗浚的家传筵席。如此，谭延闿的祖庵菜系，又被称为"南谭"。两者并称清末民初两大官府菜。

　　其实，对"北谭菜"扬名居功至伟的是谭宗浚儿媳赵荔凤。此女子是谭宗浚儿子谭篆青的三姨太，非常好学且厨艺精湛，广采博纳各派名厨的特点，创制出了"北谭"的看家菜——黄焖鱼翅。因为其人在厨艺上的造诣，被后人列为"中国历代十大名厨"之一，与民国同时代的厨艺奇才陈麻婆并称。

　　黄焖鱼翅和"南谭"的祖庵鱼翅有点像，但自有创新，别具一格，引得众多民国显贵尽折腰，其忠实粉丝如大画家张大千，狂热到即使身在南京，也不忘托人专门从北平空运黄焖鱼翅吃。

如果非要给"南北谭家菜"分一个高下，客观地讲，还是"北谭"更胜一筹。别的不说，"南谭"虽有谭延闿位高权重，名动海内，但不论他本人还是家人，都少了"北谭"家族中赵荔凤那样的杰出厨艺人物，让"南谭"的创新性、持续影响力打了折扣。现在"北谭"一脉的"谭家官府菜"在全国又有扩张，开了很多分店，"南谭"就显得有些复兴乏力。

再就两谭都出名的鱼翅这道菜来对比，"北谭"在用料和技法上也要更丰富些。"北谭"黄焖鱼翅的用料里是整鸡整鸭，还加了干贝、熟火腿等，有宫廷菜和鲁菜的基础。鲁菜的技法本就强于湘菜，而清代宫廷菜很大程度上依靠了鲁菜的功底，也是现在北京菜的底子。"南谭菜"在南京发展时可能还加火腿，但是到了湖南后就没有记载了，这样，汤汁的浓鲜味肯定会比较逊色。

对此，我有一个建议，"南谭"的鱼翅里面除了加猪肘外，应该再加腊肉或者腊蹄，因为腊肉的做法和火腿有一点相似，香味会比较独到。

以上的比较并不是说"南谭"在美食上只能算二流，实际上"南谭菜"实力强劲，在当时算得上超一流，其代表菜如祖庵麻辣子鸡、祖庵汤泡肚、祖庵红烧熊掌、祖庵豆豉等，都是别开生面的超级美食。其创新能力也很强，比如谭延闿有道"神仙鱼羹"，做

大宴时新菜上桌，曹四必帷后窃听谭公之批评，以为准则。

法就非常特别——先用砂锅炖土鸡汤，在鸡汤上方悬挂一条鲫鱼，用锡箔纸或牛皮纸将砂锅密封好，先大火转小火，文火炖三至四小时，让鸡汤的蒸汽把鲫鱼蒸熟。鲫鱼蒸熟以后会慢慢脱骨掉进鸡汤，直到最后只剩下鱼头和鱼刺。再炖四至五个小时形成鱼羹。这种做法很神奇，但现在基本上已经失传了。

南北谭家菜在取料方面都非常讲究：霜前的白菜、霜后的萝卜、冬笋、春芽、早韭、晚菘、秋天的鸭子、冬天的鱼。菘也叫白菜，属于白菜类的菜也都叫菘。谭延闿的饮食观与孔子是一样的，孔子曾说"不时不食"，翻译成现代话就是只吃"时令蔬菜"，不吃反季节的。

谭延闿把这种讲究发展到极致：为做一份咸蛋黄炒白菜心，他事先要取晚上收割的大白菜（晚菘）三担，去边取嫩心来烧，因为晚上的白菜是非常鲜嫩的。据说每到做这菜时，周围的穷人就可以从谭家的垃圾堆里捡到很多白菜叶吃。

其实，用料讲究本就是湖南菜的特点。正宗的湘菜讲究用长沙的大米、衡阳的鲌鱼、永州的司马藕、长沙的莼菜、猫笋、汨罗银鱼、江永的泥蛙、宁乡灰汤鸭。

这些特产早在唐宋就有记载，得天时地利，自有珍贵处。比如清人王闿运（齐白石的老师）说，灰汤鸭子与众不同，是因为当地有温泉，每年冬天都有野鸭来过冬，因此家鸭与野鸭有杂交机会，遂生异种。别处的鸭子骨中无髓，而灰汤鸭则骨髓极高，因而灰汤鸭的鲜美之处得之自然，并非烹饪时人力所能及。

"南谭菜"非常讲究用汤，常用三年生无杂毛的老母鸡、洞庭湖鸭子、仔猪的猪肘、猪肚为料，用汤慢火熬成。以鸡提鲜，以鸭增香，以肚增白，以肘出黏。

谭延闿特别喜欢吃狗肉，历史上传说刘邦也特别喜欢吃狗肉。刘邦吃狗肉成就了江苏一道名菜——沛公狗肉，这道菜是用狗肉和甲鱼炖制而成的，现在依然是江苏名菜。无巧不成书，谭延闿喜欢吃狗肉也成就了一道湖南名菜——红煨狗肉，因为湖南的做法主要是煨。

"煨"是湘菜中的一个主要技法。以水作为传热介质，用小火加热到一定时间以后，原料软烂入味。"煨"用水比"炖"少，"煨"用水是刚刚过面，"炖"要高过面五公分，而且前者制作时间也要比后者短。炖是喝汤的，煨是不喝汤的。

红煨狗肉的做法是：将带皮狗肉砍成一寸见方的肉块，焯水。将炒锅放至旺火上，加入熟猪油烧至八成热时，下狗肉煸炒三分钟，加入料酒和酱油、盐后，继续煸炒收干水分，取大瓦钵用竹箅子垫底，放入狗肉后再加入桂皮、附片、当归、葱节、姜片、红干椒、冷水，盖上瓷盘，先用中火煨后移到小火上，煨两个时辰，然后去掉桂皮、葱节、姜片、红干椒，将狗肉倒入炒锅加味精烧开即成。此菜颜色绛红，肉质松软，味道香辣。为此谭延闿曾赋诗赞扬："老夫今日狗宴开，不料诸君个个来，上菜碗从头顶落，提壶酒向耳边筛。"

在我们老家，大人也会给孩子做狗肉吃，特别是冬天，一是为了驱寒，二是避免尿床。这个狗肉的做法与湘菜做法比较相似，因为我的老家就是现在的重庆酉阳，与湖南接壤。

后来，出于对美食的爱好，根据刘邦爱吃的沛公狗肉与谭延闿爱吃的红煨狗肉，我创造了一道菜叫魔芋烧狗肉，做法与红煨狗肉差不多，只是里面加了甲鱼和魔芋等食材，调料里多加了泡椒，做出的味道比红煨狗肉更浓厚。有机会找三五好友，一起把酒小酌，别有滋味。

大院长也开小餐馆

我一直坚定地认为，孟尝君是个大美食家。苦于资料匮乏，无法做详细的研究和分析。做出这个判断的理由很简单，孟尝君有"食客三千"，这么多人才天天在他家吃饭，伙食的好坏直接关系到你对人才的尊重，所以不能不好。

你看因为几天没吃上鱼，冯谖就不干了，拿起长剑来边弹边唱："长铗归来兮！食无鱼。"翻译过来就是，冯谖对着自己的剑说："哥们咱走吧，这里没有鱼吃。"

好客之人必通美食，反过来推也成立，但凡美食家，都是非常好客的。

谭延闿好美食，也很好客。他家的客厅摆放着一张超级大的八仙桌，可以轻松围坐十四五人。

乳猪鱼翅宴是他常用来宴请国民党政要的菜单，这个菜单实际上是"三结合"，有粤菜、淮扬菜、湘菜，也可以说是四结合，还包括他自己的自创菜。1987年在湖南长沙发现用红格土纸记录的祖庵菜有两百多种，其中就有乳猪鱼翅菜单。

针对这个超级大的八仙桌，谭延闿还特制了用餐的筷子，每双筷子有一尺多长，杯盘碗盏也比普通的大。这些后来也逐渐形成了湖南的饮食特点之一，很家庭化，也很大气。

谭延闿当时官居国民政府行政院院长，位高权重，家里也有不少食客。但毕竟时代进步了，谭延闿没像孟尝君那样大门四方开，来了就能吃，吃了人可走。老谭多了商业头脑：既然这么多人爱到我家吃饭，爱吃我的祖庵菜，何不开个餐馆呢？

经过筹备，谭大院长很快与另外一个湖南同乡何键（此人曾任湖南国民政府主席，干得最出名的一件事是派兵挖毛泽东祖坟）共同投资开设了一家湘菜馆，取名"曲园"。谭亲自为菜馆题写招牌。这里交代一句，谭延闿的书法写得非常了得，与于右任、胡汉民、吴稚晖并称为国民党元老之"书法四珍"。于右任擅长行书，谭延闿擅长行楷，胡汉民擅长汉隶，吴稚晖擅长篆字。谭延闿一生致力于临摹颜真卿的字帖，字字形象。

谭延闿书法名重一时，有个小故事很能说明他这种影响力。有一次谭延闿指导家厨曹四做菜亲自示范的时候，切破了右手。当时正好有一个公函需要发给胡汉民，按谭延闿的习惯"一应书札，概由亲笔"，虽然切伤了手，还是勉强亲自写。胡汉民也是书法家，接到书函后脸色一变，从此闭门不出，在家仔细琢磨回函的字为何与以前不像，并派秘书去打听，谭延闿最近又在临摹哪位大家的字，如何徒生一种轻飘飞扬来？后来知道实情后，胡汉民气得把公函扔在地上说："我还以为他练成了新本事向我示威来了，原来是切伤了手。"

曲园开张后，谭延闿常邀请好友与同僚来品尝菜肴，并对厨子进行现场指导，算是做了活广告，曲园很快名声大振。那个时期，淮扬菜、沪菜、鲁菜、粤菜正风行南京，由于谭延闿的影响力，也使得以祖庵菜为代表的湖南风味菜肴风行其中。谭延闿也因此跻身民国食界"四大天王"之列。其他三位是鲁菜系的北京谭家菜谭篆青，川菜系成都姑姑筵的黄敬临，粤菜系广州太史蛇宴的江孔殷（前清翰林，别称太史）。

作为一个在民国政坛很有地位的人，后世对谭延闿褒贬不一，多偏于负面。有人认为他是一个吃棍，也有人认为他是一个伴食宰相。但我认为他是一个最具有美食精神的人，比袁世凯更甚，而且生活态度比较幽默，是一个很有生活情趣的人，很可爱。

爱美食也是要付出代价的。由于荤的东西吃得过多，谭延闿患了高血压，右手常常感觉麻痹，需每天进行温水浴和电疗各一次。

他曾风趣地对朋友说："我一生好吃，现在自身每天被清蒸一次，烧烤一次，大概是贪嘴的报应。"后来，谭延闿不慎落马坠亡。上海某报当时登出了一副对联："混之用大矣哉，大吃大喝，大摇大摆，命大福大，大到院长；球本能滚而已，滚来滚去，滚入滚出，东滚西滚，滚进棺材。"

谭延闿死后曹四等大厨就走了，曲园生意日趋惨淡。就在曲园即将倒闭时，有天店里来了一位神秘客人，坐定之后点了几个菜：麻辣肚丝、糖藕肘子、祖庵豆腐、东安子鸡，外加一份口蘑汤。堂倌回复东安子鸡小店没人会做，他笑了笑说我来教你怎么做，便与堂倌一起进了厨房，指导厨师制作东安子鸡。这道菜日后使得曲园起死回生，且成为当今湖南的首席名菜。这个神秘客人就是陆军上将唐生智，东安子鸡是他的家乡菜。东安子鸡以味鲜色美肉质细嫩而得到称赞，它浓而不腻，香而不浊，嫩而不烂，脆而不坚，酸辣适口，吃起来令人生津开胃。

东安子鸡对原材料和辅料的选择很有讲究，要用生长七年之内、重两斤左右的黄色子母鸡，东安县芦洪市镇出产的黄色子鸡最好，此鸡脚小胸大而肥。其正宗做法是：将鸡宰杀治净，放入汤锅内煮十分钟，至七成熟捞出待凉。炒锅烧热，放猪油，烧至八成熟，下鸡条、姜丝、干椒末煸炒，再放黄醋、绍酒、精盐、花椒末，煸炒几下，放鲜肉汤，焖四五分钟，至汤汁收干、剩下油汁时，放葱段、味精，下湿淀粉勾芡，持锅颠翻几下，淋上麻油，出锅装盘即成。

东安子鸡迅速传开，食客纷至而来，曲园酒家再次兴隆，重新成为南京著名的菜馆。后来厨师又对东安子鸡的烹制进行了改良，所用的红辣椒经过自己腌制，在锅里炒后剁细，放在鸡汤里做调料，并更注重火候。

特别提一句，曲园酒家在北京也有家店，开在外交学院附近，有嘴馋的可以去品尝。

唐生智在宴请国民党军官时，都是以东安子鸡作为主菜，这使得东安子鸡广泛流传。郭沫若在《洪波曲》中曾记载，抗日战争时唐将军在长沙的公馆里设宴招待了他，其中当然少不了东安子鸡这道菜。后来，也有谭家的厨师去美国开饭馆，因此东安子鸡在国外也小有名气。

中美建交之时，毛泽东用东安子鸡招待来华访问的美国总统尼克松，使得东安子鸡在美国更加声名鹊起，成为中国名菜。

大千把猪油泼向宣纸
七成油热的激情
细切成的一笔一画
和姜蒜米一起下锅
爆炒一个字或者一朵花

随小笼牛肉上桌的
是粉蒸的仕女
用土豆或者爱情垫底

当红颜一次次的煮烂鱼翅
大千的墨汁收干了乌参
进味了
在章法的火候中
连接烹调通向绘画的技法
是那润香
是那薄芡的滑
在味道中的留白

厨艺更在丹青上

张大千是绘画天才，丹青巨匠，当世与齐白石并称"南张北齐"。徐悲鸿对他更是推崇："张大千，五百年来第一人。"20世纪50年代，张大千游历世界，获得巨大国际声誉，被西方艺坛赞为"东方之笔"，与西画泰斗毕加索齐名，称"东张西毕"。

少有人知的是，丹青圣手张大千也是赫赫有名的美食大家，而且是厨界高手。作为一个美食家，张大千享年八十五岁，算是这个序列里高寿的，与他寿命差不多的还有一位，是清代的袁枚，也活过了八十岁。这大概与豁朗快乐的天性有关。

张大千既爱吃，又懂吃。这两条是判断美食家的重要标准，爱吃简单，但懂吃不容易。什么叫"懂吃"？不仅要知道一道菜的做法渊源，还要深谙这道菜的食材，并知道去哪家菜市场能买到，还要能下厨做出来——算得上全科素质。

当然作为一个美食家，最好要能在理论上有所建树，这一点张大千也名副其实。他曾说："中国之大，各地的风俗和地理条件不同，所以各具风味。故此菜系大致以三江流域形成三个流派：黄河流域形成北京菜系，以鲁菜为主，风味取之于鲁；珠江流域包括粤闽等省，形成粤菜、闽菜，风味取之于海；而长江流域则沿江由成都、重庆直到江南，形成了川菜、扬州菜、苏州菜，风味取之于水陆兼备。"

张大千的这个理论曾深刻影响过台湾著名美食家逯耀东，受此启发，逯耀东对中国的饮食体系也按地理来划分，不过他划分的是四大流派。

无论是张大千，还是逯耀东，他们按地理划分菜系的思路我是非常支持的。我写过一篇文章《盘子里的风水》，提到过山脉与水系对中国八大菜系的影响。特别是要品出各流派菜系真正的味道，必须要去当地，只有沉浸在当地的人文山水之中，才能够品出一道菜的真味。

张大千走南闯北，一张嘴吃遍天下。他游历世界得到了一个做菜的心得——广征博采，自作主张。意思就是说，因为百人百口，各有各的喜好，因此要依照个人的喜好自由选择。

他是四川内江人，四川的饮食文化对他的影响尤为深远。张大千母亲是个非常会做菜的人，父亲也很懂吃，在这种环境中耳濡目染，为他后来成为美食家奠定了基础。

张大千做菜讲究放油要多，而且不浮油。这估计是四川一带美食教育的结果。我从小就听大人说，如果菜要炒得香，要"油多火大作料齐"。张大千炒菜不喜欢用芡粉，他认为掌握好了火候，菜自然就会鲜嫩。他也不喜欢放味精，认为人工添加的味道比不上食材自身的味道。

张大千的主张是有道理的，如果肉选的部位好，的确不用放芡粉，因为它自然就比较嫩。但我也不赞同完全不放芡粉，因为想要滑嫩的口感还是需要有一点薄芡，在很高的油温之下芡粉会把肉包上，肉就不会老。

说到味精，在20世纪60—80年代，养的猪都比较自然，饲料里没有添加剂。那个时候的猪一般要一年才能出栏，肉质本身含有丰富的氨基酸，实际上等于自带了味精。现在的猪几个月就出栏了，猪肉的鲜味肯定大打折扣，所以只能借助味精。但无论是现在或是以前，如果食材保证鲜、活、原生态，都是不用放味精的。

在中国绘画史上，真正懂吃会做的画家只有两位，除了张大千，另一位就是元代的倪瓒。倪瓒是"元四家"之首，字云林，撰写过一部饮食著作《云林堂饮食制度集》，实际上就是一部教人做菜的菜谱。书中收录了大约有五十种菜肴和面点的制作方法。这本书反映了当时江南一带的饮食风貌。里面介绍的最有名的一道佳肴叫烧鹅，做法独特，被称为"云林鹅"。

张大千对自己在美食方面的造诣还是颇有自信的，他曾说："以艺事而论，我善烹调，更在画艺之上。"

张大千对美食的喜爱自然也传递到绘画创作中，他画过很多的蘑菇、萝卜、竹笋、蔬果、白菜等，这无疑与他对食材的喜好有关。在一幅画着萝卜白菜的作品里，张大千写过一首石涛的七绝："冷淡生涯本业儒，家贫休厌食无鱼。菜根切莫多油煮，留点清灯教子书。"

这里面清脆的白菜和鲜嫩的蘑菇已经成了寒士操守的向往。而我每看到张大千画的白菜图，都想从画中摘下来吃了，因为他画得太传神了。

可以说，张大千通过他的绘画为美食情怀提供了展现的平台，反过来，他在美食上的审美又为他的绘画艺术增添了不少情趣。

身在黄沙，不忘美食

张大千是四川人，所以口味重，偏爱麻辣和醇香。他常常以美食家自居，淡化自己画坛巨匠的身份。作为一名真正的美食家，张大千对食料的要求非常苛刻，即便在餐馆用餐也是如此。张大千从来不吃过夜的蔬菜，一些鱼死了他也不吃，一定吃活的。他把食材的鲜活看得很重。现在的食材一进冰箱味道就变了，所以新鲜的东西尽量直接拿进厨房烹饪，不要放进冰箱里。当然有些食材不需要新鲜，比如腊肉。我们老家的腊肉，只要是当年做的就算新鲜的。

作为美食家，张大千不仅善谈，而且善做，自己亲自上灶。他的家里到吃饭时间，往往高朋满座，最多的时候要摆三大圆桌。

在张家的餐桌上出现最多的菜莫过于粉蒸牛肉。粉蒸牛肉原本是四川小吃，叫小笼蒸牛肉，里面要放大量豆瓣、花椒，有些人还要放干辣椒面，以增加香辣。这道菜香浓味鲜，而且麻辣可口。但是张大千不满意普通的干辣椒面，他用的辣椒面一定要自家自炕、自舂再加香菜。张大千还专门到牛市口买著名的椒盐锅盔，用锅盔来夹着粉蒸牛肉吃。这种东西一大口咬下去，酥软的锅盔加上润滑鲜香的牛肉，让人想来都会流口水。

我做粉蒸肉时，先把粳米、糯米和少许花椒在锅里用细火炒香，然后再加入用这种炒米现磨出来的颗粒比较粗的米粉，这种现做的粉子比商店里卖的粉子蒸出来的肉更香更有口感。猪肉是用现买的前胛肉，再加上盐、白糖、料酒、少许豆瓣酱用猛火蒸出来。

张大千云游海内外，所以百味杂融。他喜欢的菜不仅仅是川菜，还有粤菜、鲁菜、苏州菜等。1941年3月他携带家小来到敦煌，一待就是两年七个月，期间描绘壁画两百七十幅。正因为有了这段经历，他的绘画技法突飞猛进，为其后来"墨染山河笔惊天"的泼墨画法打下了坚实的基础。

人们不了解的是，张大千在敦煌石窟中还发明了许多运用当地食材烹饪的菜。他在敦煌有一个食单，写着这样几道菜：白煮大块羊肉、蜜汁火腿、榆钱炒蛋、嫩苜蓿炒鸡片、鲜蘑菇炖羊杂、鲍鱼炖鸡、沙丁鱼、鸡丝枣泥山药子。在敦煌这种贫瘠的地方他能创下这些美食，让人难以想象。这些菜中的一些食材比如鲍鱼、沙丁鱼是他带过去的罐头。而另外一些新鲜的食材比如蘑菇、苜蓿和榆钱、山药、鸡、羊则取自当地。敦煌位于沙漠之中，在沙漠里面他竟然能找到鲜蘑菇，这不能不说是奇迹。

关于找蘑菇还有这样一个故事：张大千住处附近有一片杨树，每年7月这些杨树下都会长出蘑菇，每天可摘一盘。张大千在临离开敦煌的时候特意画了一张野蘑菇生长地点的秘密地图，送给了后来任敦煌艺术研究所所长的常书鸿。在地图上张大千详细标明了野蘑菇的采摘路线和采摘时间，还标明了哪一处的野蘑菇长得最好、口味最佳。这让常书鸿非常感动，说这张图无疑是雪里送炭，是张大千留给敦煌工作人员的一个宝。

张大千还能够把羊杂和鲜蘑菇一起炖，这可以说是独具匠心。我也曾自创过一个羊杂火锅，是在火锅里加入平菇和羊杂，再加入当地的泡姜、泡萝卜，一边煨一边吃，还可以下粉条和土豆。

苜蓿在敦煌当地是早春之蔬，如南方的荠菜，也如四川的豌豆苗，而它的鲜香不亚于豌豆苗。张大千睹物思乡，于是仿照四川的豌豆苗炒鸡丝，创造了一款苜蓿炒鸡片，这道菜有创意、有品位。

在北方，苜蓿作为野菜，常用来喂猪，但嫩的时候人也爱吃。当地有句俗语："关中妇女有三爱：丈夫、棉花、苜蓿菜。"可见当地对于苜蓿的偏爱。苜蓿可以拌，也可以炒，可独立成菜，也可和肉搭配。其实，不光北方人吃苜蓿，上海有一道名菜叫生煸草头，这里的草头就是苜蓿，只是很多人都不知道而已。

『冷淡生涯本业儒，家贫休厌食无鱼。

菜根切莫多油煮，留点清灯教子书。』

鱼翅和肉

鱼翅和肉，是张大千最钟爱的两样食材。一般来说，张大千喜欢干烧鱼翅，里面不放辣，因为鱼翅要突出的味道就是鲜；张大千还喜欢把猪肉做成丸子，牛肉用来做笼笼儿蒸牛肉，或者做成牛肉丸子汤。

鱼翅制作的菜里，张大千特别喜欢北京谭家菜的黄焖鱼翅，喜欢到不惜血本的程度：住在南京的时候，曾经多次托人到北京去谭家买刚出锅的黄焖鱼翅，然后立刻空运到南京，上桌享用时鱼翅还是热的。

其实干烧鱼翅这道菜是川系名菜，是民国时期重庆大厨曾亚光的代表菜，属于咸鲜味系。黄焖鱼翅属于谭家菜独门秘籍，张大千无法克隆，馋瘾上来了，有时也会自己做着吃。

这道菜讲究成菜要色泽深黄、质真明亮、柔软爽口、汁稠味浓。做法是用发好的鱼翅与切成厚片的鸡、鸭、猪肘、火腿、鸡汤、料酒一起，先用旺火来烧，最后转至小火自然收汁。张大千的做法和曾亚光的做法基本一样，但是张大千的鱼翅涨发有自己的独到之处：他一般选用北非产的大排翅，采用清宫御厨的方法，把鱼翅放在一个坛子内，先放一层网油再放一层鱼翅，再一层网油再一层鱼翅，然后用文火炖一个星期之久。

所谓一个星期，不是说每天二十四小时都炖，比如说今天炖十二小时，明天再炖十二小时，这样坚持一个星期。这样处理过的鱼翅既有韧劲又软滑。

还有一道张大千喜欢做来招待宾客的菜，就是葱烧乌参。凡有重要客人来，张家菜谱上都会有葱烧乌参。这道菜借用了北京名菜葱烧海参的做法。葱烧海参源于鲁菜，后来发展成为北京的代表菜。海参本身无味，要用鸡汤和葱油这些辅料一起烧才能入味，最讲究的是火候。

张大千还喜欢一道菜叫南腿帽结。南腿指金华火腿，"帽结"原来是指清代男性帽顶正中的结，是装饰物。此菜中的帽结是一种细长的嫩笋，买回来是干的，先泡软，下锅前每一支打一个结，所以叫帽结。实际上这个菜就是火腿炖笋子，张大千给它起名叫"南腿帽结"。此菜汤汁浓白，肉汁肥酥，鲜味醇厚，非常适口。

研究之后，我曾用腊猪肘、土鸡和干竹笋一起煨炖，味道应该超过"南腿帽结"的厚度，因为我放了土鸡。

20世纪30年代，张大千常去北京宣武门外五道庙一家叫春华楼的福建馆子。但实际上这家馆子做的不是福建菜，而是苏北菜。春华楼东家白永吉先生同时也是大厨。白永吉很喜欢和文人墨客交往，尤其名画家来吃饭，无论认识还是不认识，他都免费招待。画家白吃一顿还可以，第二顿往往自己就不好意思了，于是用画来抵饭钱。画家里面与白永吉交情最好的就是张大千，因为张大千性情也很豪爽，喜欢结交朋友。

张大千每次来北京，日常饮食都是春华楼主动送去。有一次张大千想吃家乡的香酥鸭，于是就去春华楼把这道菜的做法告诉了白永吉，白永吉加上自己的理解，先炸再挂炉烤，出来的鸭子又香又酥，这道菜后来也成了春华楼的招牌菜。川菜做香酥鸭本来是先蒸然后再油炸，可能白永吉嫌这样做太慢，所以把鸭子先炸后烤。

张大千还传授给白永吉一道牛肉菜，叫银丝牛肉，后也成了春华楼的看家菜。这道菜的做法是，把牛里脊肉切成细丝勾上浓浓的芡粉，然后把牛肉丝放在铁丝做的网形的勺子内，把勺子嵌入油中。油最好是猪油，或者是猪油和菜籽油的混合油。勺子在油里不断晃荡，大概三十至五十秒内就提出来，这个时候的牛肉细嫩香浓。

张大千后来去了台湾，台北摩耶精舍是他经常请友聚餐的一个地方。那里有一道菜叫摩耶生炒牛肉片，也是张大千创制的。此菜出锅之后肉片洁白晶亮，且与木耳黑白分明。一次朋友酒足饭饱之后问张大千，牛肉片都是红的，为什么你炒出来会是白的？张大千笑说，把里脊牛肉切成薄片用筛子在自来水龙头下洗冲二十分钟，然后加少许的芡粉调水，再急火热油与发好的木耳同时下锅，便会有此效果。

张大千还嗜食鸡屁股，代表菜是菌烧鸡尾。这道菜是他在上海时迷上的，抗战时候回成都，他特意让家厨找来二十个鸡尾，自己做了满满一盘子。

这道菜现成的菜谱已经找不到了，我偶然在清人童岳荐编撰的《调鼎集》上发现有鸡尾的记载。他记的是，"鸡尾：最活且肥，煮熟可糟、可醉、可脍"。现在就是连"江湖菜"都很难见到烧鸡尾了，可能是受大众心理的影响。我以前用比较辣的青椒和仔姜来烧过鸭尾，出奇的腴香。

张大千自己喜欢做的另一道菜是软炸扳指。这道菜是将猪肥肠头洗净入笼蒸熟后软炸而成的。菜成后色泽金红，皮酥里嫩，细软而香。吃的时候用生菜包裹再蘸糖醋汁，别有一番风味……

四海为家求"真"味

在台北张大千住宅的庭院里面，有一个专门用于烧烤的亭子，取名"烤亭"，专供品尝蒙古烤肉。只有一个真正的吃家才会拿出这份精力来做这件事。烤，古代叫"炙"，在烹饪手法里面是最原始、最直接的。我们从钻木取火的时代就开始用"烤"来加工食物，所以"烤"最能让食材接近其本味。这也体现了张大千性情中的"真"，张大千本身就是一个很真的人，他做事也处处要求一个"真"字。例如做菜不放味精，而且一定要鲜要活，这正是他的本味求真。

除了烤架以外，他还在亭子中放了数个四川泡菜坛子。我认为张大千在台湾时研发的许多菜式基本上都放有四川泡菜，这也是张大千烹饪风格的灵活所在。因为在台湾是没有郫县豆瓣的，而郫县豆瓣又是川菜的灵魂，所以张大千就用泡菜来代替。

据说当时在台北的川籍老兵因为没有郫县豆瓣，就用黄豆自制。但豆瓣是用蚕豆做成的，所以黄豆做出来的口味肯定不及郫县豆瓣。可是无心插柳，老兵们用黄豆做的豆瓣酱在台湾却一举成名。今年5月份我受邀去台湾，第一感受是这个地方的气候适宜做四川泡菜，四川泡菜就需要潮湿的亚热带气候。我认为用四川泡菜调味和用郫县豆瓣调味有异曲同工之妙，当然它们相互之间不能完全替代。

现在我自己就爱做泡萝卜，用泡萝卜、海带炖老鸭。我还喜欢用泡菜来炒回锅肉，加甜面酱，然后再加一点（郫县）豆瓣，三者在一起，味道非常香。如果没有豆瓣，我也会用泡菜来炒，把泡椒和鲜的小米椒按比例一起打成蓉，这样来炒菜会有意想不到的效果。

张大千在台湾也会存有泡菜坛子，这正说明他确实是个美食家。如今在北京，也只有好吃的人家里才会有泡菜坛子。比如说京城黄门宴主人黄珂家就有四五个泡菜坛子，我家里也有。

在台北张大千的院子里，除了烤架和泡菜坛子以外，亭子前还有一个巨大的石头，上面摹刻着《大千居士乞食图》。一楼的南面是餐厅，放着一张十二人的大圆桌，古朴简洁。墙壁上挂着宾筵食帖，而且这几个字是由张大千亲自书写的。下面有他亲笔书写的两张食单，食单是用书画的形式写出来挂在墙上的。这两张食单一张是1971年初夏在美国的食单，还有一张是1981年在台北设家宴宴请张学良夫妇的。这两张食单是他一生中的经典代表食单。因为张大千请客，只要是贵客，他都会提前把食单书写下来，等宾客来了以后让他们看。

他在巴西还有一个食单，是在八德园的一次晚宴：萱花烩松兰——珂，炒明虾片——珂，四川狮子头——珂，干烧鲟皇鱼——雯，清蒸鲤——雯，相邀——雯，椿葱豆腐，清炒小白菜，清汤。菜名后所注的雯是张大千的夫人徐雯波，珂是张大千的儿媳之名。

这里面有一道菜叫"相邀"，其实是川菜"大杂烩"和湘菜"八宝鱼肚"的结合，由干贝、鱼肚、蹄筋、香菇、鸡片、火腿烩制而成。光绪末年这个菜被称为"一品当朝"。据说当时一个叫王湘倚的人指桑骂槐说：什么一品当朝，分明是一个大杂烩。他实际上是不满朝廷，但以后这个菜就叫"大杂烩"了。张大千嫌"大杂烩"这个名字不好听，便改了个风雅的名字"相邀"。

张大千喜欢狮子头，一开始沿袭了四川的名菜红苕狮子头。苕菜是四川农村一种独特的蔬菜，在炖狮子头的时候添加进去，故而得名。狮子头一般是用肥瘦各半的猪前胛肉加火腿、荸荠等做成的四个圆形丸子，在北方叫四喜丸子。这道菜要先用猪油炸，后烤而成。后来在美国居住的时候，张大千也做狮子头，但是他用了苏式的做法，不再先炸，而是直接清炖。

1965年，张大千在巴西八德园设晚宴款待他表弟喻钟烈夫妇，张大千亲自定菜单，亲自下厨。菜单上开了这样一些菜：炒虾球、糖醋背柳、百汁鱼唇、红煨大乌参、清汤缠回手抓鸡、糯米鸡、东郭豆腐、炒六一丝等。从以上的食单可以看到，张大千在川味的基础上汲取了各家的精华，从而形成了独树一帜的大千风味。

　　我们注意到这份菜谱里面有一道菜叫六一丝。张大千六十一岁那一年在日本东京开画展，东京四川饭店有一个名厨叫陈健民，为他特意发明此菜。此菜是用绿豆芽、玉兰苞、金针菇、韭菜黄、芹白、香菜梗六种蔬菜加火腿丝烹制而成的，就是所谓六素一荤，呈红、白、绿、黄四色。这道菜清鲜爽口，张大千十分喜欢。这道六一丝他每次款待嘉客的时候必上，是他家宴的保留菜品。

　　其实，这个菜我们也可以用很多其他食材来替换，做成多种六一丝。适当变换，亦是美食的乐趣之一。

丹青化境为美食

张大千一生都把烹饪当做一门艺术来追求，在他的眼里，一个真正的厨师和画家一样都是艺术家，他把厨师的技艺真正看成是一门艺术。张大千曾经教导弟子：一个人如果连美食都不懂得欣赏，又哪里能学好艺术呢？所以张大千常以画论吃，以吃论画。

有一次，张大千回故乡四川，朋友梅晓初在源记饭馆设宴款待他。席间张大千在吃到内江鸡肉抄手和蛋丝饼时就说：这些小吃绝非短时间就能够达到如此炉火纯青的境地。就如作画，纵然纸笔色墨尽皆相同，但到能者手中就会出神入化。他把绘画的布局、色彩的运用，以及画境的喻意，都应用到了烹制之中。

十多年前，我也曾开过一席"中国书法宴"。宴席上我将炒勺与笔对应，锅和器皿与宣纸对应，调味料与墨汁对应，食材与题材对应，烹法与技法对应，装盘与装裱对应，火候与章法对应。所以说中国烹饪与书法是相通的，与中国绘画艺术也是相通的。

今天，张大千宴客的食单作为一件件艺术品广为流传，而当时，能到张大千家吃饭同时得到其亲自书写的食单真是一种莫大的幸运。1981年张大千在台北宴请张学良夫妇的食单，张学良拿回去精心装裱成手绢，并特在后部留白，次年邀张大千在上面题字留念。于是张大千在上面画了白菜、萝卜、菠菜，提名"吉光兼美"，并题诗云："萝菔生儿芥有孙，老夫久已戒腥荤。脏神安坐清虚府，哪许羊猪踏菜园。"当时在场的张群也应邀在此页题字："大千吾弟之嗜撰，苏东坡之爱酿，后先辉映，佳话频传。其手制之菜单及补图白菜莱菔，亦与东坡之《松醪赋》异曲同工，虽属游戏文章而存有深意，具见其奇才异人之余绪，兼含养生游戏之情趣。"这一张集诗、书、画于一体，有九位名人在录的普通家宴菜单一跃成为烹饪界和书画界所共享的稀世艺术珍品。这件珍品1992年在美国华盛顿展出的时候轰动了当地的书画界和烹饪界。

除了绘画与烹饪之外，张大千还酷爱京剧艺术，他认为京剧艺术与绘画艺术、饮食艺术也是相通的。

1929年5月，张大千在北京经友人介绍认识了京剧泰斗余叔岩——名伶孟小冬的师父。余叔岩也喜欢诗书绘画和美食，所以两人一见如故，结为莫逆之交。他们常去张大千最爱的春华楼，每次去春华楼几乎都有老板兼大厨白永吉包办点菜。张大千对白永吉的菜色情有独钟，同时余叔岩也很喜欢这里的饭菜。因此北京人当时有这样的话："唱不过余叔岩，画不过张大千，吃不过白永吉。"

张大千与孟小冬也有非常深厚的交往。1967年9月孟小冬由香港赴台定居，深居简出。孟性格孤傲，流落香港、台湾之后不再唱戏，但最后却在香港专门给张大千清唱过一次，可见两人交情之深。孟小冬实际上是梅兰芳的姨太太，最后又嫁给了上海大亨杜月笙。其死后墓碑上书有"杜母孟太夫人墓"，就是张大千给她题写的。

提起梅兰芳，张大千和他也有过一次有趣的交流。一次张大千要从上海返乡回四川老家，其弟子糜耕云为他设宴践行，并请来梅兰芳等社会名流。张大千与梅兰芳在各自的领域都是大师级别的人物，而张大千本身又是京剧迷，因此在席间张大千面带笑容来到梅兰芳面前，举起杯子就说："梅先生你是君子，我是小人，我先敬你一杯。"此话一出四座皆惊，梅兰芳一时也未能解意，忙问此语做何解释，张大千笑答："你是君子动口，我是小人动手。"

张大千晚年定居台北，和台湾著名的京剧名伶郭小庄结成忘年之交。1979年在张大千本人的大力支持下，二十九岁的郭小庄组织了雅音小集剧团，打出了新派京剧的旗号，在台湾引起了很大轰动。而雅音小集这个名字就是张大千起的。张大千还写了一首诗赠给郭小庄："月晓风清露尚寒，罗衣微怯倚栏杆。郑家婢子轻相比，艳极何曾作态酸。"

有一次张大千在台北摩耶精舍请郭小庄等人吃牛肉面。张大千的牛肉面做得非常好。他做的牛肉面分两种，一个是红烧牛肉面，一个是清炖牛肉面。面条有宽的，有细的，随便你选，并备有许多调味的作料，比如葱花、胡椒、酱油、盐等，以应个人不同口味之需。郭小庄平时为了保持身材吃得很少，面对牛肉面却禁不住诱惑，一口气吃下了三大碗。

台湾这个地方有许多著名的牛肉面，台湾已故的饮食文化大师逯耀东曾经一口气撰写过《也论牛肉面》、《再论牛肉面》、《还论牛肉面》等一系列文章，说明台北的牛肉面是非常发达的。我前不久去台北访问，专门起了大早排队吃一家牛肉面，果然名不虚传。

张大千做牛肉面之所以好吃，最关键一点是因为在汤里面加了花雕酒，此外红烧的时候炒豆瓣酱也是比较关键的步骤，最后就是小火炖四个小时。我老家重庆渝中区有一家"眼镜牛肉面"，那是我一生中吃过的最好的牛肉面，牛骨头熬的汤，大块牛肉入口化渣。它和台湾牛肉面比起来又各有所长，我作为一个川人当然更偏爱那种香辣，它的汤也可以喝。

张大千在做清炖牛肉面的时候用的是中火，而且自始至终保持中火，还要不断地撇油和浮沫，让汤清澈见底，其精细的程度，绝不在作画之下。

在东兴楼
胡适坐南朝北
左边一道鲁迅
右边一道达夫
下着民国十一年的晚酒

在东兴楼
胡适用酱爆鸡丁
嫩滑酱香了鲁迅一生的才华

在东兴楼
胡适用油爆虾仁
滋润柔弹了达夫一世的情缘

在东兴楼
十年后的胡适依然坐南朝北
左边一道孤独
右边一道落寞
下着民国二十一年的晚酒

寓居北平识京味

严格来讲，胡适并不算一个真正的吃家。但胡适在吃的方面见多识广，而且他身边的很多友人和同事都是大吃家，比如闻一多、梁实秋、鲁迅。所以要说到民国吃家，是不能绕过胡适的。

说起鲁迅和胡适，这两位文化巨匠曾经在北京东兴楼相聚过两次。一次是胡适请鲁迅，另一次是郁达夫请胡适和鲁迅两人。此外胡适也受邀去过鲁迅在八道湾的住所和绍兴会馆吃过饭，是去过鲁迅家里吃饭的为数不多的客人之一，可见两人在当时的私交还是很紧密的，但后来由于主张不同而分道扬镳了。

1917年，二十七岁的胡适学成归国，到北京大学任教，饭局频繁。胡适日记记载过许多参加饭局的餐馆，胡适也是鲁迅之外为数不多的在日记中记载饭局的名人。例如，"民国十年九月七日，张福运邀到东兴楼吃饭。""民国十一年四月一日，午饭在东兴楼。客为知行与王伯衡、张伯苓。""九月八日，蔡先生邀尔和梦麟、孟和和我到东兴楼吃饭，谈的很久。"等等。

除了北大附近的小餐馆之外，胡适常去的有春华楼、广和居、北京饭店、东兴楼、明湖春等二十多家饭店。去得最多的是北京八大楼之首东兴楼。凡是他的贵客，多数放在东兴楼宴请。因为东兴楼位于东安市场，离当时的北京大学比较近。

根据鲁迅日记记载，鲁迅常去的饭店有六十多家，这一点胡适比鲁迅要差得远。其实胡适比鲁迅的朋友要多得多，去的饭店不多，说明胡适这个人很有节制。

老北京著名八大楼之一的东兴楼1903年在北京东安门大街开业。1944年停业，1982年复业于东直门内大街。

当时东兴楼的砂锅熊掌、清蒸小鸡、酱爆鸡丁、炒生鸡片、砂锅鱼翅、红油海参等都是上档次的宫廷菜。厨子也是以前宫廷出来的。

据说胡适特别喜爱东兴楼的油爆虾仁和酱爆鸡丁，这两道菜都是鲁菜。酱爆鸡丁只有东兴楼做得最好，其他饭店也有，但都比不过东兴楼。

此菜做法是：将鸡脯肉放在凉水里浸泡一个小时后，去掉鸡皮和板筋，切丁，加入鸡蛋清、湿淀粉，和清水拌匀，酱好。锅下熟猪油，在微火上将油烧至四成热时，下鸡丁，滑到六成熟时，将鸡丁用漏勺盛出，放入熟猪油和芝麻油各三钱，下黄酱，炒干水分，加白糖，待糖融化后，加入绍酒和姜汁，炒成糊状，然后再倒入鸡肉丁，翻炒，出锅。

现在酱爆鸡丁已经是北京的一道名菜，但味道却变了，原因有几个。一是没用凉水浸泡一小时。二是不加鸡蛋清，只加湿淀粉。三是现在基本不加猪油。猪油在中国菜的烹饪中是很重要的。现在谈猪油色变，其实没那么可怕。猪油的香味是植物油替代不了的。四是这道菜要放黄酱加少许糖，现在很多饭馆直接放甜面酱，那味道出来是不一样的。

胡适经常去北大周围马神庙、汉华园、沙滩等几处小饭馆，喜欢吃熘肝尖、炒腰花、干炸小丸子、酸辣汤、炒豆腐脑、炒鸭肠、葱爆鸭心、翡翠羹等家常菜，有时也会喝上二两老白干。

"五四"以来，许多学术名流、国学大师都在北大附近这几家小餐馆留下了身影。

胡适特别喜欢沙滩东斋外海泉成的炒豆腐脑和翡翠羹。现在北京的早点里可以看见豆腐脑，用来配油条或者包子。但炒豆腐脑已经很少见了。

炒豆腐脑的做法是：炒锅上炉，倒入猪油。这里要说一下，一般做羹汤、炒豆泥，加猪油或者鸡油都是最好的，也可以放植物油，但味道会差很多。猪油热后，放入葱末、姜末稍炒，再下嫩豆

『戒酒』。

腐炒两三分钟，边炒边将豆腐捣碎，然后加精盐、绍酒、味精、鸡汤，搅成羹状。最后加湿淀粉勾芡，淋上鸡油，这道菜就做成了。

　　和此菜有异曲同工之处的，是我在天下盐发明的青菜炒豆腐和涪陵榨菜炒豆腐，用的都是嫩豆腐。我先把青菜剁成末，下猪油或者鸡油，油热后下青菜末翻炒，然后下嫩豆腐，边炒边捣，一直把它捣碎。此菜青白分明，鲜香润口，在天下盐很受欢迎。

绩溪味道

虽然胡适很早就离开家乡，但无论走到哪里，对于徽州绩溪的家乡菜，他都念念不忘。

徽州菜中比较有名的菜品有毛豆腐、皱纱南瓜苞、细沙鲊肉、徽州丸子、徽州一品锅等。其中毛豆腐是绩溪、休宁一带的特产，也是胡适的最爱。

豆腐经发酵后，会长出一寸左右的白色绒毛（菌丝），故名毛豆腐。用毛豆腐制作的一道名菜叫虎皮毛豆腐，其制作方法很简单：将十块毛豆腐每块切成三小块。炒锅放在旺火上，加菜籽油，烧至七成热。将毛豆腐放入油中，将两面煎至金黄，待到表层起皱，加入葱末、姜末、味精、白糖、精盐、肉清汤、酱油，烧烩两分钟即成，上桌时最好用一碟辣椒酱佐食。此菜香浓可口、开胃诱人。因色黄且呈现虎皮条纹，所以叫虎皮毛豆腐。

其实将毛豆腐两面煎黄，来炒川菜里的回锅肉，也会有意想不到的效果，因为毛豆腐比普通豆腐的味道要厚得多。

徽州一品锅是绩溪名菜，也是胡家待客的拿手菜。

梁实秋第一次去胡适家做客，胡适夫人江冬秀亲自下厨，为他做的就是徽州一品锅。胡适对梁实秋说，你是绩溪的女婿，当然要用绩溪的名菜招待你。开饭时，梁实秋只见一口铁锅端上桌来，扑鼻的香气让他猛咽口水。梁实秋从上至下，一层层吃下去。最上层是蒲菜叶子，第二层是煎过的鸭块，第三层是卤鸡块，第四层是蛋饺，第五层是油豆腐，第六层是半肥半瘦的大片猪肉，最下层是徽州特产的竹笋。整道菜味道层层递进，腴滑爽脆，香嫩适口。梁实秋吃后赞不绝口，著文描述："一个大铁锅，口径二三尺，热腾腾地端上来，里面还在滚沸。一层鸡、一层鸭、一层肉、一层油豆腐，点缀着一些蛋饺，还有萝卜、青菜，味道好极。"

北大校长蔡元培也在胡家吃过一品锅。但一品锅不是蔡元培最喜欢的，他在胡家最喜欢吃江冬秀做的东坡肉。蔡元培本人也深谙美食之道，他曾向外国友人介绍八宝鸭的做法，头头是道。他本人就会做这道菜，而且据说在胡适家亲自下厨做过。

徽州一品锅的做法让我想起安徽的另一道代表菜：李鸿章杂烩。这道菜是用海参、鱼肚、鱿鱼、火腿、玉兰片、腐竹、鸽子蛋、猪肚、鸡肉、干贝等，整齐地码放在一个大碗内，放入蒸锅蒸制而成。当然，这道菜比一品锅要高档得多，据说李鸿章当年出访美国时招待美国公使就用了这道菜，从此蜚声海外。

说到锅子菜还有一个小故事：十多年前我去湖南湘西花垣县，路过一个小镇时，和朋友在路边的一家小店里吃过一种锅子菜。店里先把一口铁锅放在桌上的炭火炉上，客人所点的炒菜上桌后，会立即倒进加热的铁锅里，一层一层叠上去，客人先从下吃到上，再从上吃到下，味道非常美妙，越吃越香。因为这里其实又多了一道烹饪程序。

我当时要的第一层菜是尖椒炒回锅肉，然后是炒腰花（用泡椒炒），第三层是小炒鸡，第四层是炒香干，第五层是木耳炒青笋片。这个地方为什么会有这种吃法？我问了一下当地人，回答说因为当地是高寒山区，炒菜上桌后很快会凉，所以就发明了这种吃法。这种吃法对我启发很大，回家之后，我如法炮制宴请朋友，效果非常好。

安徽还有一些代表菜，比如沙地马蹄鳖，是用火腿和甲鱼一起炖的。

安徽菜由沿江菜、沿淮菜、徽州菜构成。沿江菜以芜湖、安庆的地方菜为代表，后来传到合肥，以烹调海鲜、家禽见长。沿淮菜由蚌埠、宿县、阜阳等地方风味菜肴构成。而皖南的徽州菜是安徽菜的代表，它出自黄山下的歙县。由于新安江畔的屯溪小镇出名茶、徽墨等土特产，是当地的商业中心，所以徽菜也转移至屯溪。

徽州地处山地，人们生活贫穷，以至于徽州菜重油，因而胡适一生喜欢油腻的口味。据说胡适带梁实秋去徽菜馆吃饭的时候，进门总要嘱咐店家："徽州老乡，多加油啊。"胡适还喜欢吃肥肉。据说每次《独立评论》同事会餐，与会同事都会把肥肉留给胡适，让他吃个痛快。

绩溪的另一道徽州名菜臭鳜鱼也是胡适的最爱。这道菜也叫屯溪臭鳜鱼。屯溪本是黄山下的无名小镇，1840年以后，上海成为我国对外贸易港口，安徽山区的特产原本由江西运出，至此改为由新安江至杭州转上海出口。屯溪成为本省商品集散地。每年重阳节后，当地鳜鱼上市，都会被挑至屯溪出售。由于产地到屯溪要有六七天的路程，为防止鳜鱼变质，都要在出发前做一些加工。一般是把鳜鱼放入木桶内，放一层鳜鱼洒一层淡盐水，途中住宿时还要把鳜鱼再翻动一下，这样运到屯溪时，鳜鱼依然腮红眼亮，但是会散发出一股异味。这种鳜鱼经过厨师热油烹调之后，味道异常鲜美，于是屯溪臭鳜鱼就出了名。此菜至今已有一百多年历史。

2008年，诗人李亚伟派在成都的香积厨餐厅厨师专门去安徽诗人周墙的黄山餐厅处学习臭鳜鱼的做法，得到真传后成为香积厨招牌菜。后来我去成都，李亚伟在香积厨宴请我，第一道菜就是臭鳜鱼。这道菜嫩白鲜美，微带臭味，美妙之处真是无以言表。

"酒肉乡友"糟糠妻

胡适有句口头禅："我们徽州"，说明他对家乡很自豪。而对家乡有自豪感的人，一般内心都非常自信。

徽州人常常聚族而居，姓胡的、姓汪的、姓程的、姓吴的、姓叶的，大都是徽州出身。胡适作为徽州人，也不例外，经常会请在北京的徽州同乡聚餐聊天。胡适最常请同乡吃饭的地方，是明湖春，这在胡适的日记里多有记载：

> 民国11年2月19日，到明湖春吃饭。
>
> 9月11日，夜到明湖春，同乡诸君公宴安徽议员。
>
> 夜到明湖春吃饭，主人为一涵、抚五，客为汪东木、刘先黎，是安徽派来赴学制会议的。

10月5日中秋在明湖春宴请绩溪同乡。

　　……

　　但明湖春其实并不是做安徽菜的馆子，而是一家地道的山东餐馆。它的招牌菜有：把子肉、氽双脆、炒腰花、面包鸭肝、红烧鲫鱼、奶汤蒲菜、奶汤白菜等。

　　其中氽双脆，就是现在的鲁菜名菜汤爆双脆。所谓双脆就是猪肚头和鸭胗，因为是用汤爆，所以菜不会油腻。

　　上面的菜品里胡适最喜欢的是面包鸭肝和奶汤蒲菜。

　　面包鸭肝是山东济南传统风味，现在叫"雪花鸭肝"。它的做法是：将鸭肝洗净，片成十六片，每片一分厚，加精盐、绍酒、味精，碗内放鸡蛋清、湿淀粉、面粉调成糊。将鸭肝片的两面均匀裹上一层糊，再将其中的一面粘上面包末。炒勺内放猪油，在中火上烧成六分热时，把鸭肝逐片放入油内炸透，捞出。最后，有面包末的一面朝下，装盘。这道菜鸭肝上面洁白如雪，下面金黄，皮酥脆，里软嫩。

　　这道菜的做法也可以移植到鹅肝上。

　　另一道胡适喜欢的菜是奶汤蒲菜。这道菜是由奶汤、蒲菜花、水发冬菇、熟火腿烧煮而成的。这里所用的蒲菜产自济南大明湖，根茎长在湖的淤泥里，叶长而尖。

台湾美食家逯耀东在《胡适与北平的餐馆》一书中曾提过这种疑问：一个安徽人为什么喜欢山东的餐馆？对此我是这样认为的：尽管明湖春是地道的鲁菜餐馆，但当时它推出的新式鲁菜，有许多创新的菜品，这可能是吸引胡适的地方。另外，从地理位置上来讲，安徽被六省环抱，这注定了徽菜具有融合性。而且鲁菜和徽菜的差别肯定要小于川菜、湘菜。

　　当时胡适与老北平的许多餐馆都关系密切。他曾应海泉成老板之邀，亲自为海泉成题了一副对联："学识文章，举世咸推北大老；羹调烹饪，沙滩都道海泉成"，此联一挂，餐馆生意马上更加火爆。

　　说到这里，我注意到，2009年以前，很多餐馆都会用文化名人题写的对联和牌匾招揽生意。但现在招揽生意效果最显著的却是微博：能吸引名人发微博宣传你的餐馆，对餐馆经营已经起着至关重要的作用。我的一个朋友开了家火锅店，就是靠王菲的几条微博，半年之内顾客就开始排队。现在名人题字、题牌匾已经达不到这个效果了。

　　在北平，由于常常要接待外国人，而自己又是新文化运动的倡导者，所以胡适对西餐也是很接纳的。《胡适日记》中经常记载他去北京饭店吃西餐。他的老师、美国哲学家杜威来北平，还专门请胡适夫妇在北京饭店西餐厅用过餐。

西餐是在明末清初由传教士传进中国的。国内最早的西餐菜谱是上海华美印书馆的《造洋饭书》，清袁枚《随园食单》中记载过"西洋饼"的做法："用鸡蛋清和飞面，作稠水放碗中。打铜夹剪一把，铜合缝处不到一分。生烈火烘铜夹，一糊一夹，顷刻成饼。白如雪，明如绵纸，微加冰屑、松仁屑子。"

胡适好酒，但酒量不大。年轻时经常请梁实秋等朋友喝酒。

一次朋友结婚，请胡适证婚。席上每桌只上了一瓶酒，很快就喝完了。胡适大呼添酒，新郎很为难，说新娘是节酒会会员，所以不宜在此场合添酒。胡适当即掏出现洋给伙计，说我们几个朋友喝得高兴，自己花钱买酒，不干新郎新娘的事儿。主人无奈，只好让伙计添酒。

胡适年轻时曾饮酒误事，后来又患有心脏病，所以后来饮酒很节制。他在《尝试集》中曾写过一首戒酒诗："少年恨污俗，反与污俗偶。自视六尺躯，不值一杯酒。倘非朋友力，吾醉死已久。"

然而胡适后来也有饮酒至醉的时候，于是其友丁文江就将这首戒酒诗请梁启超题在扇面上，将扇子赠与胡适，劝其戒酒，胡适大为感动。

一次胡适去青岛，青岛大学闻一多等八位教授设宴款待他，号称醉八仙。席间，三十坛花雕酒转眼喝完。胡适眼看酒力不支，于是从怀中掏出一枚戒指请大家传看，只见戒指上刻着两个字：戒酉。原来这两个字是夫人江冬秀为劝丈夫戒酒亲自刻上去的。只是由于江冬秀文化水平低，将"戒酒"误刻成"戒酉"。大家看了，便不再为难胡适。

胡适怕老婆很出名，他为此还专门收集全世界怕老婆的故事，后来发现只有三个国家没有这种故事，就是日本、德国和俄国。

胡适与妻子江冬秀是旧式包办婚姻，却一生恩爱。江冬秀爱打麻将。每天晚上出去打麻将，都要煮一个茶叶蛋，扣在碗里，留给胡适做夜宵。后来胡适不喜欢茶叶蛋，江冬秀又专门买一种香港的苏打饼干给他。

胡适的晚年在江冬秀的照顾下于台北度过。胡适活到七十一岁，在其兄弟中是寿命最长的。

三原于右任
爱吃三原的辣子煨鱿鱼
从胡子里的香辣爽口
便可感到生命的滋味醇厚

三原于右任
在重庆设宴招待毛泽东
因为狂草
因为共同的辣
他们相互赋味

三原于右任
也喜欢苏州的鲃肺汤
鱼肝如美女肥嫩之吻
汤清隽永似美女透明酒窝

三原于右任
心胸豁达面色红润
用芡实炖老鸭滋润人生
煨上联成不思八九
拌下联为常想一二

题诗误笔出名菜

于右任是陕西三原人，长髯飘飘一辈子，所以又叫于胡子。他是晚清举人出身，国民党元老，也是大书法家、著名的记者报人、诗人，当然，还是美食家。在民国吃家中，他是陕西菜的代表人物。

作为书法家，他被称为"当代草圣"，手创"标准草书"。作为诗人，他是"南社"早期参与者，一生写过诗词将近九百首。著名的有《越调·天净沙》，还有《望大陆》。作为报人，从1907年到1910年，他主持创办过四份报纸：《民呼日报》、《民吁日报》、《神州日报》、《民立报》。

1912年南京国民政府成立，于右任任交通部次长。"二次革命"时期曾出任陕西靖国军总司令。北伐胜利后，任国民党监察院院长。

毛泽东在学生时期就喜欢阅读于右任创办的《民立报》，后来在延安接受美国记者埃德加·斯诺的采访时曾说过："我在长沙阅读过的第一份报纸就是《民立报》，那是一份宣传民主革命的报纸……里面充满了激动人心的材料，这份报纸是于右任主编的。"

于右任与毛相识在第一次国共合作期间。

1945年8月28日，毛赴重庆谈判，8月30日，即与周恩来从寓所到城内拜访于右任。9月6日，于右任设午宴招待毛泽东、周恩来和王若飞等人。据说菜单是于右任亲自制订的，包括毛爱吃的红烧肉、干煸苦瓜、虎皮辣椒、糖醋脆皮鱼。当然还少不了于胡子的看家菜：辣子煨鱿鱼。因为是陕西人，所以于右任和毛泽东同样嗜辣。两人的共同处当然不只在菜品的口味上，他们也都喜爱诗文、书法。据说宴席上两人聊起诗文，毛泽东大赞于右任《越调·天净沙》"大王问我，几时收复河山"一句发人深省。

于右任另一首代表作是《望大陆》，在海峡两岸广为流传。温家宝总理在2003年回答台湾记者提问时曾背诵该诗：

葬我于高山之上兮，望我故乡；故乡不可见兮，永不能忘。葬我于高山之上兮，望我大陆；大陆不可见兮，只有痛哭。天苍苍，野茫茫，山之上，国有殇。

除书法、诗歌、政治之外，于右任对饮食也大有研究。他曾说过：人生就像饮食，每得一样美食，便觉得生命更圆满一分。享受五味甘美，如同享受色彩美人一样。多一样收获，生命便丰足滋润一分。

作为美食家，于右任非常喜欢平民化的菜肴。

1927年秋天，丹桂飘香，于右任携夫人与国民党元老李根源到苏州太湖赏花游玩。船到灵岩山下的木渎古镇，见岸上有家馆子叙顺楼。时近中午，大家饥肠辘辘，于是登岸就餐。

叙顺楼这家馆子是康熙五十五年由石汉夫妻创办的，以经营苏菜为特色。1926年传与重孙石安仁，后改名石家饭店。

当时老板石安仁以本店招牌菜斑肺汤、三虾豆腐、白汤鲫鱼等招待于右任一行人。这道斑肺汤是由斑鱼的肝制成的。斑鱼光滑无鳞，腹部白色有细刺，背部青色有斑纹，状如河豚，但只有两三寸长，又叫小河豚，是太湖特产。斑鱼肉质细嫩，鲜美如刀鱼。尤其以鱼肝制汤为胜。斑鱼肝入馔，早在清代就在苏州地区极为盛行。清人袁枚《随园食单》里有这样的记载："斑鱼最嫩。剥皮去秽，分肝肉二种，以鸡汤煨之，下酒三份、水二份、秋油一份。起锅时加姜汁一大碗、葱数茎以去腥气。"

话说于右任尝了斑肺汤之后，大为赞叹，忙向店家打听菜名。由于对方说的是吴语，他将斑肺误听为"鲃肺"，当即索来纸笔，赋诗一首："老桂花开天下香，看花走遍太湖旁；归舟木渎尤堪记，多谢石家鲃肺汤。"

从此，这道菜也就真的改名叫鲃肺汤了。现在这道菜依旧是苏州名菜。

20世纪90年代初，我在重庆开过一家叫"鱼摆摆"的餐厅，专门做鱼。当时将鱼肝、鱼蛋用泡椒、泡姜煮着吃。鱼肝肥嫩，鱼蛋粗糙，口感搭配非常好。这道菜也适合在家里做。

1990年，全国人大常委会副委员长费孝通到苏州视察时，路经木渎镇，专门到石家饭店用餐。尝过这道经典的鲃肺汤之后，提笔写下"肺腑之味"四个大字，倒也传神。

鲃肺汤制法

将斑鱼脊背向外，放在砧板上，左手捏住鱼腹的边皮，用刀把鱼皮划破，向外平推除去鱼皮，取出鱼肝（俗称鱼肺），摘去胆洗净。再挖去心脏，去骨取下两爿鱼肉，放入清水中撕去黏膜，洗净血污。将鱼肉、鱼肝分别片成两片，放入碗中，加精盐、葱末、绍酒拌和。炒锅内放鸡汤，烧沸，将鱼片鱼肝放入，加绍酒、精盐烧沸，撇去浮沫，放火腿片、笋片、香菇片、豌豆苗，加味精，再烧沸后，倒入汤碗，淋上猪油少许，撒上胡椒粉即成。

元老与名厨

　　在于右任的家乡三原县，有一家名叫"明德亭"的餐馆，这里的厨子张荣，擅长做一样拿手好菜——辣子煨鱿鱼，以及一道当地的名小吃——疙瘩面。

　　三原以前就有一道特色菜叫煨鱿鱼丝，张荣将其改良：放辣，用文火煨制而成。由于这道辣子煨鱿鱼远近闻名，以至于明德亭的生意特别好。一次于右任回老家，闻得辣子煨鱿鱼的名声，便专门去明德亭品尝。他一身便装，和大家一起在门口等位，恰好被来此用餐的三原县长认了出来，赶忙请进饭馆。厨子张荣见于胡子亲临，自然不敢怠慢，使出浑身解数烧制了一道辣子煨鱿鱼。于右任一尝，顿觉肉质绵润、香辣爽口、滋味醇厚、回味无穷，当下赞不绝口。用餐后，于右任掏出银元买单，张荣哪里肯收。于是于右任叫人

监察院长的『自助餐』。

拿来纸墨，挥毫题下"明德亭"三个大字，并落款"三原于右任"。

这里提一下，于右任在民国书法界的地位很高，和谭延闿、胡汉民、吴稚晖三人并称国民党"书法四珍"，其中于右任的行草、谭延闿的行楷、胡汉民的汉隶、吴稚晖的古篆都是一时绝品。有意思的是，这四人也都是大吃家。不久前国内还举办过于右任的书法展览和拍卖会。

此后，于右任每次回故乡，都必去明德亭品尝辣子煨鱿鱼。辣子煨鱿鱼至今仍是陕西名菜，其做法如下：

1. 将鱿鱼身用平刀法片成一分厚的薄片，再切成细丝。取瓷盆一个，盛百分之五浓度的碱水二斤，放入鱿鱼丝，浸泡两小时。再倒入汤锅中，用小火烧沸。鱿鱼丝卷曲时，汤锅离火，待鱿鱼丝伸展时捞出，将水倒掉。

2. 原汤锅内加入清水（以淹没鱿鱼丝为度），放入鱿鱼丝，小火烧沸捞出，依此法连做三次，最后滗干水，加入精盐（一分）。

3. 猪肉切成一寸半长的细丝，加咸面酱拌匀，葱、姜切成细丝，火腿切末。鸡腿入开水锅汆过。

4. 炒锅放熟猪油，用旺火烧至五成热，投入干辣椒节炒成咖啡色，接着投入肉丝煸炒。待肉丝散开后，烹入绍酒，加酱油、精盐、鸡汤，再放入鸡腿、桂皮、葱丝，即成垫底菜。

5. 取砂锅一个，倒入垫底菜，用小火煨约一小时。待菜熟透，把鸡腿取出，切成细丝仍装入砂锅中，与肉丝搅匀。

6. 将鱿鱼丝放入砂锅的一边，另一边放垫底菜，用小火煨一小时。取一汤碗，先将垫底菜放入，再将鱿鱼丝放在上面，倒入原汁，撒上火腿末即成。

这里用的鱿鱼是干鱿鱼。从味道上来说，干鱿鱼比鲜鱿鱼要好吃，就像干鲍鱼比鲜鲍鱼好吃一样。我喜欢将干鱿鱼水发后，稍加盐、姜、葱，和鸡一起炖汤，味道极鲜美。我在天下盐曾发明一道菜——鱿鱼煨鹅掌，用的就是辣子煨鱿鱼的思路。不同的是我在做此菜时用了泡姜、泡椒，做法是先将泡椒、泡姜下油翻炒，再放入鹅掌、干鱿鱼，加花椒、胡椒、糖、郫县豆瓣，做成一锅，文火慢煨，边煨边吃，越煨越好吃。

于右任和张荣一直保持交往，1948年4月，张荣从老家来到南京探望于右任，并为他做了辣子煨鱿鱼和疙瘩面。于右任心情大畅，为张荣题写了"名厨师张荣"。后来张荣将这几个字制成匾额，挂到自己的店里，真正成了"金字招牌"。

于右任一生为无数餐馆饭店题写过牌匾，也结交了无数名厨朋友。这里面最有名的餐馆要数南京马祥兴菜馆。这个餐馆开业于清道光二十年，原设于南京雨花台中华门外米行大街，1958年迁至中山北路。在20世纪20年代时，餐厅以经营熘八样清真菜为特色，主要菜品有美人肝、松鼠鱼、凤尾虾、蛋烧卖等。于右任为其题写

"马祥兴"匾额，使这里成为国民党要员经常聚会的地方，据说白崇禧也是饭店的股东之一。国共和谈时，张治中曾在这里设宴招待周恩来。

于右任结交的另外一个名厨是陕菜大师李芹溪。李芹溪名李松林，芹溪是字，还有个号叫泮林。字和号都是于右任为他起的，可见两人交情之深。

李芹溪是陕西蓝田人，陕西蓝田也是中国出名厨最多的地方。李芹溪十三岁学厨，十六岁可以独立操办宴席。1900年慈禧、光绪逃亡西安，李芹溪被召入行宫奉驾。他的拿手菜有清汤燕菜、煨鱿鱼丝、炸香椿鱼、金钱酿发菜、汤三元、温拌腰丝、酿枣肉等。慈禧对李芹溪的厨艺非常赞赏，亲书"富贵平安"四个字赐给他。然而李芹溪不为所动，他目睹晚清政治腐败，加之于右任的影响，所以产生了坚定的反清思想。辛亥革命时候，他率领一支厨师队伍参加西安起义，这或许是整个革命过程中唯一的"火头军"吧。

革命成功后，李芹溪在西安开设了曲江春酒楼。该酒楼1950年停业，1984年重新开业。以经营仿唐菜及曲江风味菜为特色。李芹溪厨艺精湛，又懂管理，所以酒楼名声大噪，在反袁斗争和北伐战争期间，成为国民党人经常聚会的地方。

于右任回陕西组织靖国军时，曾到该店用餐，并为其中的两个餐厅，题写了"唐醉白处"和"晋卧刘居"两块牌匾。

三原游子心

游子漂泊在外，常会思念家乡的味道。一般来说，他最思念的应该是家乡的小吃，然后是家乡的名菜，最后是家乡的名菜馆。

于右任一生漂泊在外，这些思念也是少不了的。

于右任的家乡在陕西三原县，他每次回家省亲，必吃家乡的特色菜，包括三虾豆腐、白汤鲫鱼、白封书、清汤里脊、干煸鳝鱼、方块肉。他还喜欢三原的点心，有金线油塔、疙瘩面。

疙瘩面是三原县的传统风味面食。疙瘩面又称"猴儿上竿"，它并非疙瘩，而是煮熟的面条绕成圈后，加汤及调味料，在碗中抖散再吃的特色面条。

据传，唐贞观九年（635年）唐高祖李渊患风疾死，葬献陵（位于今三原县）。唐太宗李世民为祭扫高祖陵墓，途中歇于大成乡王店村，村民特制"疙瘩面"献上，太宗食之赞不绝口。

解放前，三原名菜馆明德亭厨师张荣最擅做此面，他做的疙瘩面浇上臊子，搅拌后用筷子挑起，臊子全粘在面条上，碗底不留肉末，堪称绝技。此面有些像成都"脆臊面"。

三原名点还有泡儿油糕、榆林筵席佳点香哪、定边的糖馓子，这三种点心都能在唐代大臣韦巨源的《烧尾食单》中找到。其中泡儿油糕就是烧尾食单中的油浴饼，又叫见风消。香哪在食单中叫消灾饼，糖馓子叫酥蜜寒具。

说起点心，特别要提到陕南宁强县的王家核桃烧饼。1942年，于右任进川途中经过宁强县，吃过这道小吃之后，赞不绝口。这道点心的做法是用油面发酵面团，抹核桃泥制饼坯烘烤而成。清光绪二十六年，八国联军进犯北京，慈禧太后逃亡西安，王家核桃烧饼作为贡品供皇室享用。

前面提到的方块肉是用五花肉、黄花菜蒸制而成的。这道菜肥烂不腻，黄花菜鲜香味美，深得于老喜爱。

于右任喜欢的另一道菜是白封书，也叫白封肉。这道菜色泽洁白，汤冻明亮，宛似水晶，食之鲜、嫩、软、香。后来于右任到台湾，经常会怀念起这些菜。

三原菜其实是陕西菜重要的组成部分。

三原地处关中地区，盛产棉花、盐巴、烟草、蔬菜，因此商贾云集，市场繁荣，商贾菜就得以兴盛起来。现在的粤菜，还有《金瓶梅》里描述的那些菜，都有商贾菜的特征。

据我考察，陕西菜和其他菜系最大的不同之处在于，它的名菜分布在全省各个地区，不像其他菜系的名菜只集中在区域中的几座重要城市。比如川菜，就集中在成都、重庆、自贡这三座城市中。

陕西菜由于其地理位置和历史传承的影响，最后形成以历代宫廷菜、官邸菜和民间菜为主，隐士私房菜、少数民族美食和酒肆珍馔为辅的六大体系。以西安市、三原市、大荔县为代表。

西安最有名的应该是誉满全国的黄桂稠酒，周秦时叫醪醴，唐朝时叫玉浆，贵妃醉酒醉的应该就是这种酒。1912年清明节，于右任亲临西安东关长乐坊徐记稠酒店，该店的黄桂稠酒风味独特，饮后口齿留香，大书法家为之倾倒，挥毫写下"徐家黄桂稠酒店"的题匾。

西安的名菜还有奶汤锅子鱼、温拌腰丝。

唐代由于西域人聚居西安，因此这里的饮食习惯深受西域民族影响，最有代表性的当然要数牛羊肉泡馍。这种泡馍在唐代叫"细贡末胡羊羹"。宋苏东坡称道的"秦烹惟羊羹"也是羊肉泡馍。

组成陕西菜点的还有关中东西两府的地方菜，在今天的大荔、凤翔、汉中、榆林一带。其共同特点是经济实惠，富有浓郁的乡土气息。代表菜有东府的辣子烹豆腐、炮白肉、酸辣肚丝汤，汉中的烟熏鸡、豆瓣娃娃鱼、炒鸭丝，榆林的烩肉三丝、清蒸羊肉等。

由于陕西境内盛产辣椒，南部又毗邻四川，所以陕西菜和川菜有很多共通之处。

于右任活到八十六岁，这和他的养生之道有关。

于右任的家里悬挂着一副对联，上联是"不思八九"，下联是"常想一二"，寓意源自"人生不如意十之八九"这句话。于老以此勉励自己常念生活中十之一二的亮点，而对十之八九的不如意处，则要随时调整心态，用心感恩，最终以豁达、坚忍去度过这些苦难。我把这副对联称作于老为世人烹制的"心膳"。

当然于老不止补心，还会补身。

他最喜欢烹制的药膳是芡实炖老鸭，用以止渴益肾，利水健脾。做法是用五百克的芡实、一千五百克的老鸭一只，将芡实塞入老鸭的腹内，与葱、姜、黄酒一起下入砂锅，清水文火炖三个小时，起锅前两三分钟下盐即可。

芡实为睡莲科植物的成熟种仁，又称鸡头米、雁头米。性味甘涩、平，入脾、肾经。功能健脾止泻、益肾固精、祛湿止带。而老鸭肉则能滋五脏之阴，清虚劳之热，补血行水，养胃生津。

据说于右任早年患消渴症（糖尿病），用食芡实炖老鸭数年，病症全消，而且终生面色红润。我把此方告诉了患糖尿病的朋友。

说到鸭子，在国民党的大员中，孔祥熙、吴稚晖在家中喜欢烹制沙参炖老鸭汤。吴稚晖每两天就吃一只鸭子。

　　从宋朝开始，中国历代统治者，直到清代乾隆、慈禧，民国的袁世凯，都特别喜欢吃鸭子。据说，慈禧每顿必须有三种以上的鸭馔，而袁世凯每天必吃一只清炖肥鸭，而且，这鸭子是用鹿茸和高粱喂大的。这简直是一场鸭子的盛宴……

张学良在吃白肉血肠时
想起了父亲在雨中的那场祭祀
白肉软熟血肠细嫩

张学良在吃熘肝尖熘腰花时
想起了如花似玉的赵四小姐
肝尖滑嫩腰花柔脆

张学良在吃红烧肉时
想起了银行家卜福孙的胖厨子
软甜香糯肥而不腻

张学良在吃白切油鸡时
想起了谭篆青的三姨太赵荔凤
鸡皮爽脆鸡肉软嫩

张学良在台湾吃火锅时
想起了东北的酸菜
想起了贵州的幽居
想起了丢在辽宁的重口味

大帅府 小厨房

　　少帅张学良一生漂泊，口味也常随着环境的改变而发生变化。他出生、生长在辽宁，开始时喜欢辽菜。后来结识张大千、张群等一批川人，受他们影响，一度垂青川菜。抗战前后，他在贵州被幽禁九年，所以对贵州风味也一直念念不忘。

　　张学良的饮食习惯受家庭影响比较大。父亲张作霖年轻时做过马贼，呼啸山林，大碗喝酒，大块吃肉。后来被招安，统一东北，成为关外王。1924年9月，第二次直奉大战爆发，直奉两系部队在山海关九门口杀得天昏地暗。由于冯玉祥的倒戈，致使吴佩孚大败，戴狗皮帽子的东北军大举入关，一直打到上海。

　　那时大帅府的家厨已经人才济济、味兼南北。据说当时大帅府的厨师能烧制四百多种南北佳肴。但是张作霖最喜欢的不是那些高档的熊掌、海参、鲍鱼，而是家乡的小肉丸子，还有白菜猪肉炖粉条。

张作霖的饮食习惯对青少年时期的张学良产生了很深的影响。张氏家族人口众多，光张作霖的姨太太就有六位，还有子女十几个。加上副官、侍卫、秘书、花匠、佣仆等，大帅府的厨房每天要供应上百口人的饮食。有时遇到张作霖在大青楼召开军政会议，甚至要供应两百多人就餐。所以在大帅府里常设的大小厨房有四个。

那时大帅府分前院、中套院、小红楼、大青楼等，规模宏大。西院的大厨房，专门为帅府的秘书、副官、司机、女佣等提供三餐。这个厨房的饭菜较为普通，一般为一菜一汤，主食以粗粮为主，只有在重要节日才能见到白米饭。东院的大厨房主要为张作霖的子女供应三餐，包括其六个女儿和八个儿子。饭食水平较西院的厨房稍有上升，但也很少见细粮。这说明张作霖对子女的管教还是很严格的，他认为子女们只有多吃点儿苦，将来才会有出息。

但他的这条"法则"却并不用在张学良身上。张学良没有和兄弟姊妹们一起在东院大厨房用餐，而是和父亲一起吃小厨房。这是因为他从小体弱，需要滋补，又聪明伶俐，实在惹父亲疼爱，所以才被特许吃"小灶"。

小厨房是专为张作霖和他最宠爱的五姨太寿氏服务的，被邀请在帅府里用过餐的中外政要，大多对小厨房饮食的精美印象深刻。当时奉天餐馆"明湖春"的高级厨师，都会轮流到大帅府小厨房掌勺。

少年时期的张学良随母亲漂泊在辽西乡间，生活贫苦。他自己回忆，他是出生在马车上的。由于母亲产后奶水很少，张从小靠喝米汤长大，所以他对米汤有着特殊的感情。

我们在20世纪六七十年代还经常喝米汤，现在已经很少有人喝了，电饭煲一般也做不出米汤。米汤营养丰富，我小时候家里经常用米汤煮茄子、煮酸菜、煮豇豆，味道非常鲜美。大西南有一种厨具叫鼎罐，一边做菜，另一边可以同时煮饭。盛饭的时候鼎罐里的米饭不容易盛干净，就放米汤把里面的锅巴泡软盛出。连锅巴带米汤一起吃，那锅巴还保留着一点儿脆，非常香，现在想来还流口水。

张作霖执掌东北军政时期，大帅府小厨房里的辽菜也初具规模。在这个时期，张学良喜欢上了辽菜。当时小厨房里有个厨师叫王宝田，烧得一手好家常菜。王宝田是辽宁海城人，和张学良算是小老乡。张学良最喜欢王宝田做的错菜，称赞其为辽菜中小菜的代表。每当深秋霜雪降临时，王宝田都会腌制几个大瓦坛的错菜。这道菜是把各种新鲜蔬菜切碎，用虾油浸泡，入坛密封。第二年春天取出，用来解酒下饭。特点是清脆香酥、嫩绿开胃。

张学良晚年到了台湾和美国，对错菜仍然念念不忘。他驻节北京时，曾向吴佩孚、段祺瑞等政要大力推荐错菜。住天津时，每年春、秋两季也都要把王宝田的错菜运到天津的公馆。

除了错菜，王宝田做的辽菜还有白肉血肠、酸菜火锅和红烧猴头菇。白肉血肠现在仍是辽宁名菜。

当时张学良已经做了东北军空军司令，沈阳的一些酒楼和日本高级饭店里都有张学良固定的雅座。

张学良喜欢去沈阳大东区小东路小什字街的宝发园用餐。这里的招牌菜叫四绝菜，分别是熘肝尖、熘腰花、摊黄菜和煎丸子。宝发园是直隶宁河县人国钧璋在清宣统元年创办的。四绝菜是由国钧璋的弟弟国钧瑞亲自主厨料理，四道菜的共同特点是嫩，却又嫩得各有千秋。其中熘肝尖是滑嫩，熘腰花是脆嫩，摊黄菜是软嫩，煎丸子是焦嫩。这四道菜鲜香可口，深受当时食客们的欢迎。

要知道，熘肝尖和熘腰花要做得好，原料必须用新宰杀的猪的油肝和鲜腰。加工时食材不能清洗，洗则味失，要现吃现切。油肝切成柳叶片，鲜腰切十字花刀。不用挂糊上浆，先放油然后用葱姜焌锅，再以旺火快炒，出锅前淋入少许芡汁即可，这样才能保证菜的鲜嫩。

一次，张学良慕名而来，吃后赞不绝口，特地见了掌勺国钧瑞，更赏给了他十块大洋……

全猪席与红烧肉

张学良喜食辽菜，特别喜欢王宝田的白肉血肠。

白肉血肠，是从古代帝王及族长祭祀所用祭品演变而来。据《满洲祭神祭天典礼·仪注篇》记载，满族长期以来信仰萨满教，祭祀过程中，以猪为牺牲。每逢宫廷举行祭祀时，"司俎太监等异（即抬）一猪入门，置炕沿下，首向西。司俎满洲一人，屈一膝跪，按其手，司俎满洲（人）执猪耳，司祝灌酒于猪耳内……猪气息后，去其皮，按节解开，煮于大锅内……皇帝、皇后诣衣行礼……神肉前叩头毕，撤下祭肉，盛于盘内，于长桌前，按次陈列。皇帝、皇后受胙，或率王公大臣等食肉。"这种肉叫福肉，即白肉。所谓血肠，即"司俎满洲一人进于高桌前，屈一膝跪，灌血于肠，亦煮锅内。"这就是血肠，通称白肉血肠。清代沈阳和吉林地区开设的白肉馆，都兼营血肠，它成为辽宁和吉林满族特有的传统名菜。

除了上面提到的几道菜，王宝田还擅长做全猪席。全猪席是民国东北较为盛行的民间宴席。张学良尤其喜欢王宝田用猪肝、猪肺、猪腰等内脏烹制的菜肴。

关于全猪席，不能不提到清朝的全猪席菜谱。1854年，山东青州名厨顾孟春根据先辈口传，抄录成册了现存最全的全猪席菜谱。其中菜式之丰富、菜名之霸道、文化之深邃，令人瞠目。

全猪席中冷荤菜包括菊花腰片、熏上天梯、盐卤宝石等十六道。热菜有连升三级、琵琶熊掌、九转玉环、太极肠、鸳鸯蝴蝶、仙娥献寿、红叶含霜、熊腹抱蛋、明开夜合等六十二道。烧烤有鸭子鱼、奶猪等四道。随饭荤菜有扣肉、粉蒸肉、满堂五福、竹叶梅花汤等八道。此外还有解荤素菜八道、小菜四色、面点三道十二种花色。羹一道，粥一道。

值得一提的是，张学良酷爱红烧肉。一次中国银行沈阳分行总经理卞福孙举办了一场盛大的宴会，特别邀请张学良出席。席上张学良很少动筷，于是卞福孙特意让家厨做了一盘红烧肉上席。少帅夹了一块放进口中，但觉甜软香糯、肥而不腻，赞不绝口。

回到府中，张学良意犹未尽，向赵四小姐称赞晚宴中的红烧肉。赵四小姐当即提出欲以帅府大厨与卞福孙交换那个家厨。清末民初之际，家有良厨是一个人身份显赫的象征，张学良明白这样夺人所爱非常不妥。但最后还是给卞福孙写了一封信，提出很想再吃一次"那盘红烧肉"，所以要借家厨一用。卞福孙当然晓事，立即将家厨赠与帅府。

从此张学良很长时间都把这名家厨带在身边，据说当时这名厨师的身价已经高达月薪六十大洋。赵四小姐是浙江人，所以十分喜爱这道口味偏甜的红烧肉。后来赵四小姐和张学良也都学会了这道菜，那是后话。

王宝田在大帅府还会做一道大酱腌肉。这道菜也是张学良驻节北平时每餐必备的菜肴。一次在北京饭店设宴招待南京政府来的特派专员张群、何诚浚等要人，在席上摆满山珍海味之后，又特意让厨师加上一盘大酱腌肉，并让厨师当众介绍这道菜的特色。厨师说，这道菜起源于东北民间，由自制青酱腌制。每年秋天为制作腌肉的季节，一定要将大块新鲜猪肉或猪蹄髈煮熟，再装进纱袋密封，放入酱缸腌泡。数月后，酱中精华尽入肉中，再将肉从纱袋中取出蒸熟。过油后切片，便成了盘中之物。

一桌政要尝后齐声喝彩，从此大酱腌肉成为张学良宴客的必备之菜。

南方人做酱肉是将酱直接刷在肉上，两三天后再刷一次，一共要刷三次。这种做法其实无法让酱味充分浸入肉中。我自己也做了些酱肉，是将生肉直接放进装满甜面酱的坛子中，腌上半个月，再

赵四小姐等鱼炖豆腐。

拿出挂起来风干，味道十分鲜美。这种做法借鉴了北方的做法。

说到酱，既是调味品，又可单独作为菜肴。先秦时有一种醢，就是酱的前身。西汉史游著有《急就篇》，里面写道："酱，以豆和面而为之也。"东汉王充的《论衡》中已有介绍如何做豆酱的内容，证明豆酱当时已在民间普及。除了豆酱，当时还有枸酱，为蜀地名产。

在烹调中，南方多用豆酱，它是粤菜重要的调味料。而豆瓣酱则多用于西南，是川菜最重要的调料之一，比如郫县豆瓣。北方多用面酱，比如北京烤鸭、酱爆鸡丁、炸酱面，用的都是面酱，而仿膳的炒四酱（炒榛子酱、黄瓜酱、豌豆酱、胡萝卜酱）更是海内闻名。

由于酱料黏稠适度，味道鲜美，又有特有的色泽，所以被各地厨师所喜爱。

中医认为酱味咸性寒，有解除热毒之功效，内服可解暑热、内脏郁热及各种药毒、湿毒。张学良后来活到一百零一岁，应该也和这种饮食偏好有关。

谭家菜和宫廷菜

两次直奉战争，张学良都常驻北京，因此有机会接触到北京的谭家菜和宫廷菜。谭家世代官宦，由广东南海迁至北京。谭家菜是在清末谭宗浚时形成的，传到其子谭篆青时已经誉满京城。谭篆青生于京城，宣统年间任邮传部员外郎，辛亥革命后任议员。后因家道中落，不得不偷偷操办家宴以补贴家用。

东莞人伦哲如在《辛亥以来藏书纪事诗》中曾写诗描述谭家旧事。诗曰："玉生俪体荔村诗，最后谭三擅小词。家有万金懒收拾，但付食谱在京师。"谭篆青的谭家菜馆可以说是中国最早的文化餐馆，深受文人政客的青睐。我们以前说过，美食家张大千在南京时曾空运谭家的黄焖鱼翅宴客，他盛赞谭家的黄焖鱼翅、红烧鲍脯、白切油鸡是中国美食中的极品。台湾美食家唐鲁孙更认为谭家菜就是神品。谭家菜在民国初年还不出名，在曹锟登上总统宝座之后，京城吃喝之风盛行，才有人偶然发现谭家菜的精妙绝伦。

张学良最喜欢谭家菜中的白切油鸡。在他看来，白切油鸡味道之鲜美，肉质之肥嫩，是他吃到过的所有鸡菜都无法比拟的。这道菜最早出自广东，食材是选那种自由散漫、一边走一边啄食小虫的十五六个月大的仔鸡。这其中选鸡也有技巧。在鸡的胸颈之间有一块人字骨，摸上去如果软而有弹性，就恰到好处。如果人字骨发硬，肉就会"发柴"，只能用来调汤。做白切油鸡的时候，把仔鸡放到沸水里滚十五分钟就要捞出，这样才能保证它的肥嫩。煮熟后的鸡要做到鸡皮爽脆、肉质软嫩。然后将鸡去骨剁成小块，在盘子里码成整鸡状上桌。蘸料的做法是将姜、葱、盐、蒜泥拌匀，盛入小碟。将油烧至微沸，淋到碟里即可。

白切油鸡在四川叫白砍鸡，到重庆发展为著名的江湖菜口水鸡。口水鸡前半部分的做法与白砍鸡相似，不同的是最后将调料直接浇在鸡上，而且加麻辣。

谭家菜开始由一个叫陶三的厨师主理，后来谭篆青从广东带来的三姨太赵荔凤在帮厨过程中，学到了各种菜品的做法。赵荔凤是个烹饪天才，不仅学到了陶三的手艺，还学到了京城各大菜系的精髓，她的拿手菜黄焖鱼翅、白切油鸡让她跻身中国历代十大名厨之列。

谭家菜到现在还享誉海内外，是招待外国政要必不可少的美食。

张学良在北京认识了包括溥杰在内的一大批满清遗老。溥杰曾向张学良介绍过他进宫时亲眼目睹皇帝摆膳的场面。那时溥仪在紫禁城内养心殿摆膳，其规模较之前清已然逊色不少，但依然让溥杰大开眼界。溥杰回忆，溥仪在养心殿开的早膳，一般要摆六七个八仙桌，伺候的太监有十几个，将大小盘碟依次从门外传进内门，再传到内厅。早膳的炒菜有几十种，分量不大，但很精致。主食中各种粥就有七八种，比现在星级酒店的自助早餐还要有排场。

张学良对宫廷菜很感兴趣，为此还叫人找来御膳菜谱研究。

1925 年，北海公园开放，一位原在清宫的"菜库"（买办）赵仁斋邀请了沈昭然等几位曾经的御厨，在北海公园里开了一家专门模仿宫廷菜的仿膳斋，1959年扩建后改名叫仿膳饭庄，直到现在。它以经营清代宫廷菜为特色，擅长烹制满汉全席。主要名菜有熘鸡脯、一品官燕、烤鹿肉、蛤蟆鲍鱼等。

当时那些御厨听说少帅对宫廷菜感兴趣，纷纷表示愿意一展厨技，依照早年宫廷传统工艺来烹制一桌仿膳菜。但张学良顾及影响，认为过于奢侈，因此拒绝了御厨们的美意。

后来张学良的五姨娘寿氏过寿，张为给其祝寿，专门邀请御厨在北海办了一席寿宴，地点是在假山黄塔下的四合院，一共摆了三桌。当时是由赵仁斋亲自主持，完全仿照慈禧六十大寿时的席面操办。可见，张学良对宫廷菜确是非常喜爱的。

幽禁湘黔

"西安事变"和平解决后，张学良被蒋介石软禁在宁波奉化雪窦山。蒋下令一定要保障好张的生活，因此那时张还有自己的厨师，每顿饭至少也有七八道菜。宁波靠海，因此张每顿必有一道海鲜烹制的主菜。

在奉化为张学良烧菜的家厨，是他幽禁前在西安金家巷官邸的崔师傅，蒋特意派专机将其从西安接到雪窦山，以保证张能吃到北方口味的饭菜。这种状况一直保持到1940年，崔师傅年老退休，才换了其他厨子。

抗战时期，张被秘密幽禁在湖南湘西。该地贫穷，交通不便，吃肉很成问题。为解决这个困难，张学良常常亲自上山打猎。打回野味，厨子就将其做成张学良喜欢的菜肴，比如熘野鸭片、酸辣野鸡片、香酥斑鸠、黄焖田鸡、红烧野鸭、椒盐兔片等。

其实湖南湘西自古就有做野味的历史，这一点在屈原楚辞《招魂》中就能看出来。《招魂》中的"腼鳖炮羔，有柘浆些"、"鹄酸臇凫，煎鸿鸧些"写的都是野味。按照郭沫若的解释，前一道菜就是红烧甲鱼和叉烧羊羔拌甜面酱，后一道则是煮天鹅、烩水鸭。

我曾经在20世纪80年代初打过斑鸠，打到后用自家的泡椒和冬笋来爆炒。我先将斑鸠洗净切块，然后码上盐、料酒、水豆粉腌制。猪油烧至六成热时下斑鸠，炒至八成熟，下冬笋、泡椒、姜蒜片、豆瓣混炒，再下骨头汤，然后盖锅盖焖煨，最后加几滴白酒、少许蒜苗，勾芡起锅，鲜香无比。

也正是在湘西幽禁的那段日子，张学良养成了用豆豉下饭的习惯。在湖南湘西、四川、贵州等地，豆豉是家家户户必备的下饭之物。现在豆豉也逐渐推广开来，比如举国上下都知道的老干妈豆豉。

随着战事的变化，张学良也从湘西转移到贵州修文深山中的阳明洞。在那里，张学良不得不在山洞内生活，靠油灯看书。在这样恶劣的生活条件下，他身体没有被拖垮，除了精神上的达观，也和他爱吃野味、野菜有关。

在住处附近，张学良偶然发现树上有黑木耳，又嫩又脆，就常常亲自去采，回来做菜。自己吃不完，还给随从。采来的木耳，他喜欢用当地的小葱小蒜拌着吃，或素炒，或炖野味。有条件时也来炒木樨肉。

木樨肉是用猪肉、木耳、鸡蛋炒制的。木樨又称桂花，因为鸡蛋的颜色像桂花，所以鸡蛋炒饭又叫桂花炒饭。

在贵州的几年里，张学良爱好钓鱼，常把钓来的鱼让厨师红烧、清炖。

而赵四小姐结合了当地的烹饪手法，创制了一道拿手菜——豆腐煮鱼。她把张学良钓来的小鱼去鳞、除内脏、切段，入油锅烹炸。用鱼头、鱼尾和豆腐一起煨成鲜汤，然后将炸好的鱼段放入汤中，再放入笋片、木耳，煮成雪白、鲜美的鱼汤。

对于这道菜，1946年在贵州桐梓县任县长的赵季恒曾有记述：一次赵季恒与黄团长前去拜访张学良，张留两位客人吃饭，当时准备的是少帅家乡的酸菜水饺。饭菜已备，赵四小姐突然提议再加一道豆腐炖鱼。可当时家里并没有鱼，只见张学良取出夫人于凤至从美国为他买的套筒鱼竿，邀两位客人到家附近的河边去钓鱼。赵季恒回忆说，张学良钓技非凡，一会儿就钓上来四五条一尺上下的大鱼。回家后，赵四小姐将钓来的鱼拿进厨房，十几分钟就端上来一盆热气腾腾的豆腐炖鱼。客人尝后，大声叫绝。

我家住重庆，离贵州很近，因此家乡也有豆腐炖鱼。到北京工作后我很少吃鱼，但每次回到老家，就一定要吃一顿豆腐炖鱼。那是当地的水、当地的鱼。做的时候先用当地的泡姜、葱蒜爆锅，然后要文火慢煮。吃的时候先吃鱼、豆腐，酒酣后再用酸辣的鱼汤泡一大碗米饭，真是神仙一样的享受。

张学良在贵州幽禁的时候曾辗转多地，在息烽时他对当地蔬菜产生了感情。尤其是当地的臭豆腐，后来成为他每餐必备的小菜。这里让他后来念念不忘的还有当地的豆腐，即用当地的小黄豆和当地的溪水做成的豆腐，白嫩而富有弹性。

以前我住在老家县城里，豆腐用自然之水制成，味道非常鲜美。读完大学回家后，家乡水质被污染，用自来水做的豆腐就远没有以前的好吃了。现在城里人吃豆腐都要到乡下去买。

我做豆腐常把老豆腐煎成两面黄，用来炒芹菜或炒回锅肉，美妙绝伦。

这里要提一下，南方人爱吃辣，但各地的辣又有分别：湖南菜是鲜辣，四川菜是麻辣、贵州菜是酸辣。

贵州菜的酸不是醋酸，而是果酸，是当地一种毛辣果产生的酸。山民用毛辣果和木姜籽与酒酿一起放在坛子里发酵而成。贵州著名的酸汤鱼用的就是这种果酸。

贵州菜由贵阳菜、黔北菜及少数民族菜组成。以前很少有人知道贵州菜，近期才被关注。其实，著名的川菜宫保肉丁就是一道地道的贵州菜，它是由贵州人四川总督丁宝桢带到四川后改良而成的。

张群府上川菜香

张学良幽禁在湖南、贵州时期习惯了湘黔口味，这为他后来喜欢川菜打下基础。张学良接触川菜最多的，是后来他到台湾的那段时光。

随国民党撤退到台湾后，张学良经常与张大千、张群、王新衡交往，四家轮流在家里坐庄请客，时称"三张一王转转会"。张大千和张群是四川人，偏爱川菜，因此转转会的口味就自然以川菜为主了。

张学良与张大千交往已久，在饭桌上两人除了交流书画，也交流各自的美食经。在张大千的府上，张学良特别喜欢他家的四川狮子头、鸡汁裙翅、绍酒烧笋、西瓜甜汤等菜品。

张大千的美食前面已经详细介绍过了，这里着重谈谈张群家里的美食。

张群是四川华阳人，现在华阳属于成都。因此和张大千一样，张群对川菜也有着特殊的深情。

早在20世纪20年代，张学良主政东三省时期，张群就和张学良有着密切的交往。1928年12月东北易帜，张学良在东北通电世界：将原北京政府的五色旗改为南京国民政府的青天白日旗，拥戴南京国民政府，张群就是当时国民党派驻沈阳的代表。国民党败退台湾之后，张群也一直在蒋介石面前力主恢复张学良的人身自由。1969年，张学良被恢复部分自由后，张群就成了张学良家中常客，经常能品尝到赵四小姐精妙的厨艺。而张学良与赵四小姐也经常去张群府上品尝张府川厨的手艺。

这名张府川厨是张群同乡，也是四川华阳人，名叫张广武。张广武早年在成都的一家私人饭庄里主厨，后来被当地的军阀王陵基看中，成为王的家厨。张广武烧得一手上乘的川菜，王家每来贵客，王都让张广武主厨待客。1939年张群去成都，王陵基设家宴款待，张群对宴席中的水煮鱼大为赞叹，就在饭后见了张广武。王陵基见两人谈得投机，当即做了顺水人情，将张广武送与张群。

1949年后，张广武随张群来到台湾。张群每次宴请张学良，必上张广武的水煮鱼。张学良对水煮鱼的做法感到新奇，特别是把辣椒先在油中烹炸，再加料加汤，这是他以前没见过的做法。张学良夫妇还特别喜欢张广武的油爆双脆，赵四小姐每次去张群家必点这道菜。油爆双脆其实不属于传统川菜，而是张广武从山东菜中"移植"过来的。据传此菜始于清代中期的济南，由爆肚头一菜转变而来，用猪肚头和鸡胗为原料，爆炒而成。张广武做这道菜时保留了山东的食材，却是用川料调味。张学良评价此菜色泽洁白、鲜嫩脆香，将不入流的食材做成席中上品，实在难能可贵。

张学良还喜欢吃张广武做的空心玻璃丸子。这道菜其实就是川菜中的糖油果子，属于传统甜品。

席间张学良与张群经常探讨对川菜的看法。张群认为川菜之所以成为中国的名菜，在于其悠久的文化历史。早在春秋至西晋时期，川菜就已经形成自己的特色。隋唐时期川菜流入中州。到了明清，川菜盛行京华，受到北方食客的好评。张学良认为川菜主要特点有三：一是辣味诱人，二是菜式多样，三是清新淳厚。上至高官、下至百姓，社会各阶层都能接受，这就是川菜了不起的地方。

这里我们再简单介绍一下，川菜由成都菜、重庆菜和盐城自贡菜三大部分组成，在明末清初，川菜已经成型，体现出一菜一格、百菜百味的特色。在四大菜系中，鲁菜有官气、淮扬菜有文气、粤菜有商气，而川菜则有民气，被大众所喜爱。

在三张一王中，张群是最注重养生的，因此他请客常会用一些特殊的食材。比如，田鸡在一般正席中很少出现，而张群的家宴中每每必有田鸡上桌。因为张群认为田鸡可补老年人的虚劳，滋阴生津。

张广武喜欢在菜中添入冬菇末、香菇末等，就是让菜品起到健脾开胃、健肾固精的保健作用。

张广武还喜欢做山药炒肉丝。我们知道，山药一般用来炖，很少炒。我受他的影响，曾经在天下盐做过山药炒鸡丝，就是把山药和鸡肉都切成丝来炒，清新鲜嫩，也有滋补的作用。

张群家宴上还有一道菜叫萝卜丝藕片汤，这种搭配出人意料：萝卜丝汤和藕片汤都常见，二者混在一起就不常见了。这也是因为萝卜有健胃消食、藕片有养血补虚的功效。

张学良每次去张群家赴宴都会有新的感受，因为张家的菜每餐绝不重复，用料也经常有异品。并且，在每餐后必有粥喝。

这粥非同一般：粥中加了薏仁可滋补防癌，加了黑豆可补肾，加了荸荠可清热化痰，加了绿豆可防暑，加了芡实和莲子可养心，加了核桃可补肾健脑。由此可见，张群对食补养生，可谓用心良苦，让人受益无穷。

王家的西餐

1924年9月第二次直奉战争结束之后，张学良奉命驻守天津。当时各国租界都聚集在天津，张学良就在那个时期接触并喜欢上了西餐，尤其对咖啡十分迷恋。

据说，刚开始进入西餐馆的时候，张学良也是手足无措。后来在几位英国朋友的指点下，开始逐渐了解吃西餐的规矩。从刀叉的使用，到西餐上菜的顺序，再到西餐的配酒，张都是从零开始学。

但是很快，西餐的风格和规矩就被张学良所接受。后来1931年张学良驻节北平，每次宴请外国客人，都会准备西式菜点和洋酒。

"西安事变"后的幽禁时光，张学良几乎没有机会再接触到西餐。他再次品尝并喜欢上西餐，是在1949年到台湾之后。

在台北"三张一王"的转转会上，轮到王新衡做东时，他最拿手的就是西餐和素菜。

王新衡曾做过蒋经国的幕僚，后来一直在国民党军统工作。"西安事变"时，他受戴笠指派随蒋介石到西安"督战"，结果和蒋一起成为张学良东北军的阶下囚。1949年到台湾后，曾任国民党南方执行部主任委员。后转入企业界，历任亚洲水泥公司董事长、远东纺织公司常务董事。也许是不打不相识，后来他竟成为张学良的挚友之一。

那时王新衡家里的几位厨师都是台湾的烹饪高手，他最得意的是其中两位西餐厨师。某种程度上，家厨的专长往往代表这家主人的品位。比如清代袁枚的厨子王小余就代表了袁枚的品位，袁枚后来写成《随园食单》，王小余功不可没。上面提到的王新衡的两名家厨，一个擅长俄罗斯式的西餐，另一个擅长美式西点。张学良每次都会带赵四小姐一道去王家赴宴，因为赵四小姐也很喜欢西餐。

王新衡是蒋介石的同乡，早年曾被国民党选派至莫斯科中山大学留学，与蒋经国同学。那段在俄罗斯学习、生活的经历，让他对俄式西餐情有独钟。张学良也是通过"转转会"才对俄罗斯西餐感兴趣的。当时王家经常做的俄罗斯西餐，主菜包括奶油肉片、番茄肉饼、清酥鸡面盒、串烧牛肉、软煎大马哈鱼、三鲜烤通心粉、黄油笋鸡、罐焖鱼肉等。小菜有酸黄瓜、铁把鸡、羊排骨、甜腌薇菜、鹅火腿、纸包虾、波兰鱼、俄式渍香鸡等。汤有丸子汤、鸡杂菜、红菜汤等。点心有雪花冰糕、奶油卷、白菜卷等。

本来张学良讨厌菜点中的酸味和甜味，但喜欢上西餐后，倒离不开这两个口味了，有几周不去王新衡家吃西餐，他就对王新衡说：又想你家的酸黄瓜了。

酸黄瓜是西餐中常见的小菜，也是大家都喜欢的菜肴，现在北京老莫餐厅做的就不错。我去过老莫餐厅，王新衡家宴中的许多菜，那里也有。我就在那里吃过酸黄瓜、红菜汤、俄式渍香鸡、雪花冰糕等。据说那里是目前北京最正宗的俄罗斯餐厅。

这里要提一下，俄式西餐在欧洲自成系统，并且影响到北欧以及东欧斯拉夫地区。在沙俄时代，俄国上层贵族特别崇拜法国，他们不仅以说法语为荣，而且在饮食上也拼命效法法式西餐。经过多年的演变，形成了俄式风格。俄罗斯地处高寒地带，所以他们喜欢吃热量高的食物，喜欢用鱼肉、碎肉末、鸡蛋做成的肉饼。在西餐中有"英法大菜、俄国小吃"的说法。俄式口味较重，以酸、辣、甜、咸为主。喜欢用油，做法简单，以烤、腌、熏为主。

上面说过，除了西餐，王家最拿手的还有素菜。对于王新衡家的素菜，张学良最喜欢日式锄烧，还有加孚罗以及青菜沙拉。那时王家也做中式素菜，有罐煮鹌鹑蛋、土豆烧茄饼、油炒马铃薯干等。王注重口味的搭配，与这些清淡素菜搭配的往往是意式的牛奶浓汤等。

王新衡曾对张学良说："汉卿，早年我也喜欢大鱼大肉，任何人都难逃世俗的凡尘。但自从皈依基督之后，我才感到多吃素食的好处。素食也是灵性修身的主要部分。"

这番话对张学良影响很大，后来他虽然不能做到完全素食，但素食的比例明显增多了。

酸黄瓜的做法

原料

黄瓜二十斤，芹菜半斤，茴香半斤，干辣椒五个，香叶两片，胡椒粒一两，蒜头四两，盐七两五钱，辣根二两，水十五斤。

制法

黄瓜洗净，芹菜、茴香择洗净，辣根洗净切片，蒜头横切开。将黄瓜放进缸内，中间夹一层芹菜、干辣椒、茴香、辣根、蒜头、香叶、胡椒粒，分三层入缸内。将盐用水化开倒入缸内，加上木篦子用石头压紧，放在30℃左右温度处，发酵后，移入冰箱内，冷透后即可食用。

特点

酸脆清口，解腻助消化，也可配菜及做调料之用。

灶头情义长

转转会每逢转到张学良家，赵四小姐就会一展厨艺。我们之前介绍过，赵四小姐的拿手菜是砂锅鱼头。这道菜本是大西南地区较为普遍的菜肴，砂锅里面可加青菜、笋、粉丝一起烹调，汤鲜味美。当初张学良被幽禁在贵州时喜欢钓鱼，所以赵四小姐会有许多鱼头可做，于是就向当地农民学习了砂锅鱼头这道菜。后来赵四小姐把这道菜一直带到台湾，带到美国。

如果赶上夏季，赵四小姐就喜欢为大家烧一道开胃佳肴——清烧豌豆。豌豆是从附近农家直接买来的。这里我插一句，食材的新鲜程度对菜品质量至关重要。有一年我回老家乡下，在地头把火锅烧好之后，从地里现拔出青菜，洗好下锅，那个鲜美程度是平常想象不到的。

再说清烧豌豆这道菜，做法是这样的：豌豆下锅前先用冷汤浸泡，这个汤可以是鸡汤，也可以是鸭汤，这样味道可以沁入豌豆。豌豆入锅烧好之前，再加入牛奶。这道菜豌豆酥软味鲜，汤汁洁白醇厚，在夏季餐桌上很受欢迎。

我自己也喜欢用豌豆做菜。有一道菜是这样做的：把胡萝卜切成粒，和新鲜豌豆一起烧。烧的时候加一点油盐，再加一点汤，慢慢收干，起锅时加少许味精。这道菜红绿相映、营养丰富。我还喜欢用肉末炒豌豆，成菜很香，可以下饭下酒。

转转会上，赵四小姐还喜欢做一道看家菜，叫烧醉虾。烧醉虾是赵四小姐在高雄居住时学会的一道海鲜菜。张学良很喜欢海鲜，1954年张搬到高雄西子湾居住，靠近海滨，那里的虾又多又便宜。将新鲜海虾剥出虾仁，浸泡在酒里两小时，然后下油锅爆炒，加盐、姜丝、肉丁、蒜泥、韭花和芥末，再浇上香葱、海带丝烧成的汤汁——烧醉虾这道菜便做成了。赵四小姐的这道菜得到张大千、张群的交口称赞。

台湾的海鲜以"鲜"闻名。2011年5月，我受台湾中央大学邀请，赴台参加一个国际饮食研讨会，其间台湾著名美食家、诗人焦桐先生带我们去台中县品尝海鲜。去的那家店在台湾很有名，叫福宫国际创意美食，在那里我吃到了最好的海鲜。其中有一道避风塘海洋大虾，让我开了"口界"，那种鲜是我平生没尝过的，真像刚从大海中捞出的一样。海鲜在大陆也常见，但我想也许是大陆沿海环保的问题，影响到食材的质量，所以味道和我在台湾吃的差得很远。

冬天的时候赵四小姐喜欢做火锅。赵四小姐本来是杭州人，也许是在北平生活的时候和张学良一起爱上了火锅。那时北平的东来顺、普云楼、天福楼的火锅都享誉天下。张学良在贵州幽居时，当地冬天奇冷，赵四小姐学会了用当地的木炭烧火锅。贵州的火锅是用泥烧制的炉灶，上面架铁锅，煮的食材一般是打来的野味、鱼和采的野菜等。

20世纪90年代以前在西南老家的时候，每到冬天，我常在一个火盆里面烧木炭，上面放上三脚架再放上铫锅，锅里放入鸡和大骨熬的汤，三五个朋友围坐一起，烫肉烫菜。酒就倒进杯子里放到火盆边烘烤。这样吃又取暖，又美味。我们有时也会先煮一锅猪蹄，煮熟后猪蹄蘸调料吃，然后再把豆腐、白菜、海带等下入猪蹄汤中继续煮，十分美味。大家喝酒侃诗，其乐融融，至今让我念念不忘。

台湾冬天阴冷多雨，所以赵四小姐经常做火锅给张学良吃。因为靠近海边，因此多用海鲜。除了海鲜，赵四小姐拿来下火锅的还有酱肘花、生牛羊肉片、爆肚、香肠、熏鸡、酱鸭等。

这里提一句有"当代孟尝君"之称的北京望京黄珂家宴。在冬天的时候，他也经常备海鲜火锅和黄氏牛肉汤锅，其中海鲜火锅是他家的代表菜之一，是先用大骨、鸡架、鸭架、干鱼等熬汤，再把各种海鲜一一加入，涮着吃，鲜美之极。

张学良除了注重饮食的多样性，更注重营养的平衡性，注重荤素比例。但我想，心平气和才是他长寿的原因。他被幽禁五十年，还活到一百零一岁，没有这样的心态是不可想象的。每个人的一生不知会遇到多少坎坷，所以我们要学会张学良的这种心态。张学良的长寿应该还得益于他和赵四小姐不离不弃的感情。1955年8月13日，赵四小姐因病住院。尚在幽禁中的张学良经常给赵四小姐写信，寄托自己的情思。在那一年中秋，张学良写到："中午熊队副、老徐、黄分队长，我们四人同桌。菜很好，烩海参、白斩鸡、炒牛肉丝、炒鱼片、红烧鱼，炒白菜、鸡汤。下午，徐、熊又同吃，有卤鸭、红烧狮子头、炒白菜、烩菜、鸡汤。我把剩下的杂烩吃了两次，我爱吃极了。十五的夜里有云，月色不好，小猫也未在家，大概找他的女朋友去了。"

短短一段话我们能看到他对生活的态度，那就是充满爱意和幽默，这两点是做人最基本的要素，有了这两点，一个人才可能拥有幸福。

王世襄玩吃

如玩清淡的花鸟

厚味的明代家具

香醇的背景

是长在冬至上的葱

爱上了大海游来的虾米

那是在味和道之间

手法隐藏在煨之中

冬笋和茭白尽显糟的奥妙

牛舌以炖焖的方式

与胡萝卜度起蜜月

在糖醋的交叉小径处

一代又一代的蘑菇

随王世襄的手艺生长

糟香思故乡

　　王世襄是最后一位离世的民国美食元老，被称为当代京城著名的学者型烹坛圣手。

　　王世襄，字畅安，1914年生于北京，祖籍是福州，2009年去世时享年九十六岁。他是当代最著名的文物收藏家和鉴赏家。王老兴趣十分广泛，他喜爱古诗词，也曾专研于音乐、绘画、家具、竹刻等各个领域，著有《锦灰堆》等。

　　在传统文化里，文人学庖算是一种雅士之乐。王老在美食领域的名气和他在明式家具、鸽哨、竹刻、蛐蛐儿罐等各种民俗领域的名气一样为世间称道，被称为近代的旷世奇才。

　　王老会做菜，会吃菜，尤其会评菜。朋友们和王老一起吃精美菜肴的同时，都喜欢听他品评。1983年，刚刚改革开放，北京举办过一次全国一级厨师大赛，特邀了三个评判员，就是北大王利器教授、溥杰和王世襄。据说王老一天之内品尝、评判了各种流派的八十多道菜肴。

王世襄出身仕宦之家，高祖王庆云曾任两广总督、工部尚书。祖父王仁东曾任内阁中书，伯祖王仁堪为清光绪三年状元，是梁启超的老师。父亲王继曾是外交使节，一度担任军机大臣张之洞的秘书，清亡后在北洋政府担任过国务院秘书长。母亲金章是画鱼藻类的画家，大舅舅金北楼是当时画界领袖人物，创立了中国画学研究会。这种身世背景为王世襄后来成为"京城第一玩家"打下了基础。

王世襄很小的时候就喜欢进厨房，看家厨做菜，这些家厨都是当时的名师。在这些名师的指导下，他很小就开始自己上灶做菜。

王世襄的祖上是福州望族，虽然他是北京出生的，但在家庭的影响下，其口味有很重的福建烙印。他拿手菜的烹饪手法不是北京菜的做法，而是以福建菜为主，以江浙、淮扬菜为辅。

王世襄小时候，其父举办家宴，经常请一位居住在北京的福建名厨陈一泗来家主厨。陈的手法就是福建手法，对王世襄的影响非常大。特别是糟的手法，更是成为王世襄后来拿手名菜的一大特色，比如糟熘鱼片、糟煨茭白、糟煨冬笋、糟蛋海参等。福建菜系认为糟香不同于酒香，做出的菜有特殊的风味，绝不是酒能代替的。

江浙、淮扬、山东都有少量的糟菜，但是闽菜一大特色就是擅用红糟做调料，这和其他地方的糟菜有所区别。闽菜中的糟又分煎糟、炝糟、拉糟、醉糟等多种烹调方法。闽菜的传统名菜醉糟鸡、糟汁氽海蚌都是用糟的手法做出来的。

因为糟香具有浓厚的地方色彩，所以在福建流传着"糟香思故乡"这样一句俗语。这种情思必定也在王家的祖辈中存在，进而影响到王世襄。

王世襄对糟特别钟爱。后来他去朋友家做客，甚至去干校，都要带上自己做的香糟汁。

他儿子王敦煌在其美食著作《吃主儿》中介绍过王家这种香糟汁的做法。

用高桩碗倒进半碗香糟，这种香糟是在孔乙己酒家买的。先加热水少许，用勺子在碗内将香糟反复碾压至酱状，之后倒入古越龙山等陈年绍酒，加盐少许，再用勺子搅拌。用碟子将碗口盖上，放十二小时。最后用白纱布过滤出的汁水即是香糟汁。

其实闽菜一般糟汁的做法都是这样的。糟汁不能久放，一般在做好后十二个小时之内就应该用掉。

糟香类的调味料还有闽式红糟酱、糟卤青葱汁、糟油蒜泥煨汁等。

糟的烹饪手法在我国也有比较悠久的传统，北魏贾思勰的《齐民要术》中就有糟肉法的记载。

南宋时出现了糟鲍鱼、糟羊蹄、糟黄菜等多种糟制菜肴。明代宫廷名菜里有糟瓜茄、糟猪头蹄爪、酒糟蚬等。元明清三代已经归纳出陈糟、香糟、甜糟、三皇糟等多种技法。

今天福州著名的糟香菜有炝糟五花肉块、爆糟排骨、炕糟羊肉、糟汁氽海蚌、淡糟炒香螺片、淡糟炒瓜块、煎糟鳗鱼、醉糟鸡、香糟炒鸡片、糟片鸭等。

我们知道，除了福建，我国其他地区也有自己的糟菜，其中浙江著名的糟菜有糟熘鱼白、糟鸡、糟蛋、糟烩鞭笋等。王世襄的拿手菜糟蛋海参、糟煨冬笋其实多数都借鉴了江浙做法。江苏的著名糟菜有煮糟青鱼、糟煎白鱼、糟鸭等。山东糟菜里有糟蒸肉、糟油口条、糟煎牡丹鱼、糟熘茭白等。王老在《桂鱼宴》一文中曾说山东菜最擅长香糟，我觉得这不太准确，最擅长的还是福州的闽菜，其次是大淮扬菜系，包括江浙一派。

川菜中也用糟，不过用的是醪糟。醪糟与红糟的区别不过是前者用的是黄酒的糟，而后者则是用糯米酒的糟。

我自己在做鱼、腰花的时候，就不喜欢用料酒，而是用醪糟汁，这样连糖也省了。

拜三会和杂合菜

王老有一篇《答汪曾祺先生》的文章，说自己做菜的特色就是"杂合菜"或者"票友菜"，说明他做菜兼采众长，而且有自己的发挥。

汪曾祺在一篇回忆文章中提到，王世襄去朋友家吃饭，不但自己上灶，还会自己带主料、配料、调料。这一点其实在一些美食家身上并不少见，20世纪80年代我去朋友家吃饭，都会自己带食材，特别是自己家做的豆瓣、腐乳、泡姜、泡椒等。有时还会自己带菜刀，因为用别人家的刀切菜不顺手。

王老和朋友聚餐，叫拜三会，一般十人左右，定期聚会，轮流做东，做东的人主勺。因为聚会的时间是每周三，所以叫拜三会。

王老做东的时候，除了他拿手的糟菜之外，常做的还有雪菜烧黄鱼、海米烧大葱，其实这两道菜都是淮扬菜里的家常菜。此外还有火腿菜心、鸡片烧豌豆、糖醋辣白菜、羊油麻豆腐、面包虾等。这里我们介绍王老比较特殊的两道拿手菜。

第一道是炖牛舌，这道菜是王老根据西餐罐焖牛肉的做法发明的。他将新鲜牛舌除去外膜，切厚片，入砂锅。先用猛火，后转文火，炖焖六小时。其间依次加入黄酒、精盐、酱油、姜片、葱头，以及切成滚刀块的胡萝卜。

如果我来做这道菜，还会加上许多牛腩，因为牛腩和牛舌一起炖煨，会让菜的味道更浓厚。

清人袁枚在《随园食单》里也记录了做牛舌的方法："牛舌最佳。去皮、撕膜、切片，入肉中同煨。亦有冬腌风干者，隔年食之，极似好火腿。"这里说的"入肉中同煨"，和我的想法是一致的。除了和牛腩同煨，我还会在做这道菜的时候加二十粒左右的花椒，用以去腥增香。

每年腊月我都回四川老家，购买当地的猪肉、牛肉做成盐肉、腊肉，再带回北京。明年我会再做一些腊牛舌，味道一定不错。

王老另一道拿手菜是锅塌豆腐。这道菜分北京和山东两种做法，王老则是在北京的一个小馆里学到的，自己稍微加了些改进。其具体做法是用黄酒泡虾子，加酱油、精盐、白糖，如果有高汤加一点更妙。南豆腐半斤，切三厘米见方薄片放入碗内。鸡蛋三枚，打碎倒入豆腐碗中，加入少许煸热的葱花拌匀。炒锅放素油，烧热后将豆腐、鸡蛋倒入，摊成圆饼，两面煎成金黄色。待将煎熟时，倒入泡有虾子的调料，用筷子在饼上戳几个小洞，令调料渗入其中，即可起锅。

王老学这道菜的小饭馆在解放前沙滩马神庙路北，当时北大不少师生都去吃过。王老吃过后赞不绝口，认为别有风味，和"一块一块放入锅中煎制的山东做法"不一样。王老这里有个错误，"一块一块放入锅中煎制的"不是山东的传统做法，而是北京的做法。

王世襄做菜不拘于流派，而是以自己的方式做家常菜。他认为做菜以味道为上，中国菜讲究色、香、味、形、器，每个都重要，但最重要的还是味。不过色、香和味也有密切的关系。一般来说，色、香不好的菜，味也不会好到哪里去。

王世襄晚年时经常抱怨说，现在的饮食都变味了，最幸福的是孩子们，因为他们没吃过从前的好东西，不知道现在的东西有多难吃。20世纪90年代之后，王老就再没写过美食文章，他说无从下笔，吃饱肚子而已。

王老的抱怨不是没有道理，现在很多食材原料没有了，工艺也失传了。牲畜、蔬菜都是被饲料添加剂、化肥催长的，失去了自然的味道。化肥和自然肥对蔬菜味道的影响是大不一样的。我在老家就做过实验，用两块地种葱和白菜，一块施化肥，一块施自然肥，成熟后的口感、口味相差很远。现在的蔬菜很少有鲜味,只能靠味精、鸡精提鲜了。

王世襄和儿子王敦煌都认为决定一道菜的好坏,食材的因素占90%,工艺只占10%。这个观点我赞同,但他们把食材的因素看得太重了,我认为60%就差不多了。

锅塌豆腐的山东做法

原料

豆腐,一斤半;鲜虾仁,一两;鸡蛋,两个;精盐,一钱;干面粉,一钱;湿淀粉,一钱;葱末,五分;姜末,三分;绍酒,二钱;味精,三分;酱油,二钱;清汤,一两;熟猪油,一两。

制法

1.将豆腐切成一寸半长、七分宽、三分厚的长方片。把虾仁剁成泥。鸡蛋清磕入碗内,搅至起泡,加入精盐(三分)、湿淀粉、绍酒(一钱)、味精(一分)与虾仁泥搅匀成馅。

2.先在盘内摆一层豆腐,均匀地抹上虾馅。将剩余的豆腐盖在虾馅上。然后上笼蒸十五分钟取出,沥干水。将鸡蛋黄、绍酒(五分)、味精(一分)、精盐(三分)和面粉放入碗内搅成蛋黄糊。将蛋黄糊均匀地抹在豆腐上。

3.炒勺内放入猪油，在微火上转动一下，待油烧至六成热时，将豆腐完整地推入勺内，两面煎至呈淡黄色时，加入葱姜末、清汤、酱油、绍酒、味精，用大盘盖住，焖至汁尽，扣在盘内即成。

特点

此菜呈深蛋黄色，经塌制后，卤汁浸入豆腐，味浓鲜嫩。

葱香扑鼻

王世襄不但亲自做菜，还亲自买菜。他每天一早出门，去朝阳门市场门口排队，开张的铃一响，他就第一批冲进去。和他一起逛菜市场的，有保姆，也有名厨，比如给班禅做菜的刘文辉。王世襄说，骑着自行车去市场买菜，是人生仅次于"吃"的最大乐趣。

从老家到北京，我都喜欢逛菜市场。现在我更喜欢逛老家的菜市场，每次回老家，第二天我都会起一个大早，去菜市场看那些新鲜的蔬菜、满地"咕咕"叫的鸡和"嘎嘎"闹的鸭，还有腌菜、坛子菜。老家的食材和北京大不一样，比如猪蹄，胶质很重，炖熟后吃起来会把嘴巴黏在一起——北京就没有这样的猪蹄。

王老擅长用最简单、最家常的食材做菜。一次朋友聚会，有一位朋友要求与会每人做一道拿手菜。当时的食材很丰富，可王老却做了一道焖葱，用的就是最便宜的山东大葱，没有其他配菜，结果做好后被大家一抢而空。

和这道菜相似的，王老还会做一道海米烧大葱，我认为这是一道每个家庭主妇都应该学会的菜，因为用料特别简单。

王老的做法是先用黄酒将海米泡开，再加入酱油、白糖。大葱切成两三寸的段儿，先用素油将葱段儿炸透，炸好后码在盘中。将泡有海米的调料倒入锅中，收汤后浇到码有葱段儿的盘内。此菜是谭家菜的常客金潜庵的最爱，据说源于淮扬菜。此菜只能初冬做，立春后的葱就无法再用。

葱香是一种由远而近的绿色之香。吃重庆火锅时，我喜欢在点菜之前，先让服务员上一盘香葱，倒入火锅的红汤之中，然后才开始点菜。这样，等到上菜时，火锅中的红油汤已被香葱熬成葱油汤，用这样的油汤再涮其他菜就会非常香。

日本人也喜欢吃葱。葱在日本菜中有烧玉葱、串炸葱段、葱天妇罗、全葱沙拉等。日本人还喜欢用大葱泡酒，具体做法是将大葱切段，放入瓶中，盖紧盖子，泡制两周，酒色变成淡绿色即可。睡前喝一小杯，有助睡眠，还可壮阳。

葱的类别有大葱、分葱、香葱，早在北魏《齐民要术》中就详细介绍了种葱法，也有很多用葱烹饪的介绍。葱可炖、煨、烧、焖，可制葱油、葱姜油、葱椒油、葱豉油等，这些油用来拌、炝、

骑着自行车去市场买菜，
是人生仅次于『吃』的最大乐趣。

炒、爆菜，味道都很好。

我还特别喜欢用香葱和猪肉做馅包包子和饺子。通常人们喜欢用韭菜包饺子，但我喜欢再放进香葱，香味更浓。

王世襄与儿子王敦煌都赞同一个美食观点，就是食材的选择一定要当季。比如最普通的葱，选择的时令不同，味道也不同。山东名菜葱烧海参，就必须要用霜降之后、又没有被霜冻坏的大葱。所以葱烧海参这道菜只能在入冬之后吃。其实萝卜也是这样，据说人民大会堂宴会所用的萝卜就是霜降后出产的，清脆、回甜。

说到这里插一个小故事。有一年春节后，我在天下盐的同事、贵州美女邱姐从都匀老家返京。在去机场的路上，她看见街上有一个农民挑着担子，里面装着刚从地里拔出的白菜到城里卖，她当即叫住农民，买了两棵带回北京，当天就送给了我。我拿着这两棵白菜立刻回家，支上炒锅，下少许猪油，五成热时下姜片、葱白翻炒，再下热水。水烧至滚沸时下白菜，白菜稍软下少许盐。那一锅白菜，其清香和回甜是北京任何白菜都无法比的。

我的老家也在大西南偏远地区。20世纪60年代的寒假，我去哥哥当知青的生产队玩，吃饭时先把汤烧好，然后现到园圃里摘下带着雪的白菜，洗好切碎下锅，鲜美无比。

下次邱姐再回都匀，我会请她往回带白菜的同时，最好再带些都匀的豆腐和井水，或者竹沥水，用这些当地的食材炖一锅汤，不知道要好吃到什么程度。

前两天我听说老家黔江要通航班到北京了，每周三班。当时我起的第一个念头就是以后想吃老家的菜，就可以直接从家乡把食材飞运北京。那些航班是下午四点到北京，刚好赶得上做晚饭——这是飞机带来的口福。

此外，我老家的面非常好吃，那种浇头是北方没有的。飞机通了之后，我就可以一大早赶回去吃头锅面，下午再飞回来。这碗面很贵，但它可一解我多年的乡愁。

春菇秋蕈总关情

对于蘑菇，王世襄有着一种特殊的感情。他曾写过一篇文章，叫做《春菇秋蕈总关情》。文章提到，他早年在燕京大学读书时，常常骑车去香山游玩。在香山附近，他结识了一名采菇高手，人称"蘑菇王"。这人告诉他，香山的蘑菇分大小两种，大而色浅的叫白丁香，小而色深的叫紫丁香。"蘑菇王"还向王世襄传授了很多在香山采蘑菇的路径和绝窍。

后来，王世襄的儿子王敦煌在《吃主儿》一书中也记述了很多关于父亲采蘑菇、烹饪蘑菇的轶事。他说，父亲只要一闲下来就要琢磨去采野生蘑菇。一次，他甚至骑车到永定河小学的传达室，找到了以前经常给菜市场送野生蘑菇的张老汉，并向张老汉求教采野蘑菇的地点。于是张老汉把永定河河源的几处"蘑菇产地"告诉了他。父亲知道后大喜，在"取经"后的第一个休息日就带上自己去永定河河源采蘑菇了。

王世襄在自己的著作里也经常提到采蘑菇。他写到，京城采蘑菇的高手多集中在右安门外和永定门一带，他们每个人都有几条采蘑菇的"秘密路线图"，隔几日就会巡回采一次，生手很难发现这些蘑菇的生长之处。后来朝内、东单的菜市场都很难买到野生蘑菇，只有菜市口的菜市场里还有。我觉得他对蘑菇的痴迷和张大千有一比，后者在敦煌工作时也千方百计地找蘑菇，这也是一种美食精神。

王世襄对烹制蘑菇有很多独到的心得。王老曾介绍过一种叫柳蘑的蘑菇，他说柳蘑"蕈色土褐，蓄聚而生，有大有小。烹饪时宜加黄酒，去土腥味。烩、炒皆可，而烩胜于炒，用鸡丝加嫩豌豆来烩，是一味佳肴"。还有一种叫鸡腿菇的蘑菇，"菌柄较高，色稍浅，炒胜于烩。"我想不是会买、会做、会吃的人，是总结不出这些经验的。

我也很喜欢蘑菇。记得小时候，每年四五月间，母亲都会去赶集，集市上有山民从山里背出来的野生松菌。母亲买回来后，会用青椒、蒜片、猪油来炒。那时吃不到肉，就把这猪油炒松菌当肉吃了。母亲见我吃得狼吞虎咽，经常吓唬我说："少吃！有毒的，会吃死人！"那时，松菌、猪油都是极珍贵的东西。猪油家里一年才有几小罐，如果几顿都被我吃光了，家人就吃不到了。四五月间，春雨初降，松林里的松菌从腐败的松针里冒出头来，色黄肉厚，极其美味。松菌另一个生长季节在八九月份，暴雨之后。少年时我们爬山游玩，遇到这两季都会在山上采些松菌回家。

时隔四十年，一次四五月间，我回重庆酉阳老家，和同学李亚伟、冉云飞在一家小餐馆吃了一顿野生菌。吃法是先端出一盆炭火，上面架一口铁锅，用五花肉熬出油，再倒入青椒、蒜片、松菌一起翻炒。最后加少许汤，边煨边吃。一大锅热气腾腾的，香气四溢，一下子就把我带回到童年时母亲的灶台边。吃到最后店家还会上当地的一种鼎罐锅巴饭，用锅里的残汁剩羹拌上一大碗，这才叫真正的"酒足饭饱"。后来我每年春天都会回酉阳，专门去那家小餐馆吃这道菜。

在大西南山区，还产一种香菌，特别是酉阳的千年古镇龚滩，专门出这种香菌。这种香菌奇香无比，放在盒子里，打开后五十米外都能闻到香气，现在已经成为高级的馈赠特产。我在成都做川东老家菜馆时曾进了大批这种香菌，用来炖土鸡、猪蹄，或者做丸子汤。

大西南盛产菌类，有数百种之多，著名的有松茸、羊肚菌、鸡枞菌、松露、牛肝菌，但目前能大面积栽培的只有几十种。不久前我去大理开诗会，还专门去菜市场买了两斤人工培植的鸡枞菌。即便是人工培植，也只有当地的味道才好，也许是水土、气候的原因吧。

回到王世襄，他接触、喜爱的主要是北方的蘑菇。北方气候下生产的菌类统称口蘑，这些蘑菇大多产于河北和内蒙古，由于其最大的集散地在张家口，所以统称"口蘑"。口蘑又分为白蘑、青蘑、黑蘑、杂蘑四大类。王老文章中提到的口蘑大多是白蘑。

　　用口蘑入菜，北京有著名的口蘑鸭心，山东有口蘑炸蒲菜，内蒙古有乳汁软炸口蘑，河北有拔镶口蘑等。口蘑也可做馅，北京全聚德有一道口蘑鸭丁包，用的就是口蘑。

　　口蘑的称法始于清初，清人袁枚的《随园食单》中就有口蘑煨鸡的记载。20世纪50年代郭沫若到张家口，也曾赋诗赞美，"口蘑之名满天下"。

梅兰芳一生最喜欢两个厨子

一个是川菜大师伍钰盛

代表作有宫保鸡丁

另一个是淮扬菜大师王寿山

代表作有鸳鸯鸡粥

这说明川菜和淮扬菜是可以融合的

那是醇厚中的清淡

亮开清淡中的醇厚

在味的道上

在梅腔中

梅大师也爱川菜

京剧大师梅兰芳祖籍江苏泰州，在北京出生长大，这决定了他南北兼通的口味。

一些地道的北京美食乃至小吃都是他"好的那一口"，如爆三样、豆汁、小米粥、熬白菜、麻豆腐、干炸丸子、八宝酱菜、酱黄瓜等。

受家庭影响，加上唱戏保护嗓子的需要，梅兰芳的饮食基本上还是以淮扬菜为主，如鸡汤煮粥、蜜汁火腿、霸王别姬等都是他爱吃的菜式。

除此之外，梅兰芳从艺六十多年，演出走遍海内外，遍尝各地美食，也钟情很多其他菜式，如川菜的宫保鸡丁、豫菜的洛阳烧鸡、杭州的虾爆鳝面。

北京是梅兰芳生长、成名的地方，有很多他爱吃的馆子。在北京，梅兰芳常去的酒楼有始建于1950年、北京最早的川菜馆子峨嵋酒家，位于前门外陕西巷的粤菜馆子恩承居，创始于康熙二十五年（1686年）的烤肉宛，创始于1930年、北京"八大春"之一的同春园，创始于乾隆三年（1738年）的都一处等。

在峨嵋酒家，梅兰芳最喜欢的是宫保鸡丁。这道菜始创于清代光绪年间。当时有位叫丁宝桢的贵州人，他在贵州时就爱吃糍粑辣椒加花生米炒的鸡丁。这种做法是宫保鸡丁的前身。丁后调任山东巡抚，加封太子少保，人称"丁宫保"。在山东，家厨根据丁宝桢的指导，用山东的爆炒办法来炒鸡丁，使得此菜在当地很有名气。丁宝桢后来又任四川巡抚，宫保鸡丁的做法更加讲究。丁经常用这道菜来宴请宾客，以至于此菜名气更大，遂被称为"宫保鸡丁"，正式定型。

清末以来，随着川菜在全国流行，宫保鸡丁很快驰名全国，也成为闻名国际的中国菜式。峨嵋酒家创始人是川菜大师伍钰盛，最早一家店在西长安街，毗邻长安大戏院，梅兰芳常常光顾，特别是在戏院有演出时。这么大的名人光顾一家小店，伍自然不敢怠慢，每次梅来，他都亲自下厨，并亲自端上菜来。梅看出了伍的心思，说，我是来吃菜的，又不是来吃桌子板凳的。

伍钰盛前不久刚去世，寿至整百。他是四川遂宁人，十二岁拜师学艺，二十岁开始为党政要员做家厨，渐有名气，成都很多显贵以请到伍做家厨为荣。抗战时期，他曾为何应钦、宋子文当过家厨，蒋介石夫妇也吃过伍师傅做的菜。这是非常了不起的。作为一个川厨，他能为何、宋这些洋派的人做家厨，说明他的菜式变化非常了得，能迎合更多人的口味。据说他们很喜欢伍钰盛做的烧牛头方、豆渣猪头、开水白菜等，这些属于川菜中不辣的菜，以醇厚清淡著称。

因为菜品独到，味道上乘，峨嵋酒家在北京开业后，虽然店面不大，却成为很多名流常来的地方，除了梅兰芳，还有张友渔、马连良、齐白石、张澜等。

张澜是四川南充人，当时是国家副主席，还曾为峨嵋酒家的新店选址帮忙。梅兰芳还画了一幅梅花给峨嵋酒家，齐白石送过一幅大虾图。

为什么这么多人喜欢伍的宫保鸡丁？原来，伍钰盛在传统基础上，对宫保鸡丁做了很多改进。首先，把鸡丁从方形块改成梭子块，使其面广，更加入味，同时和椭圆的花生米相得益彰。还有就是选用小公鸡的鸡腿肉（活肉），滑炒时先调"滋汁"，待锅红、油温升至一成时爆炒，火候讲究"刚断生，正好熟"，淋上芡汁再小颠翻，让其均匀，成菜入盘，"只见红油不见汁"。鸡丁松散爽脆，味道层次分明：先甜后酸，再咸鲜，略出辣椒香，最后透出椒麻，是经典的"荔枝味"。

伍钰盛用鸡腿肉给了后人很多启示。我们北京天下盐店里做宫保鸡丁也是选用剔骨的鸡腿肉，而传统的是用"鸡脯肉"。鸡腿肉的好处是更加劲道，既嫩滑，又有嚼劲。

不但是张澜，很多国家领导都去过峨嵋酒家，包括当时任副总理的习仲勋，他称赞宫保鸡丁是"状元菜"。这道菜的奇绝之处是：即使菜凉了，鸡丁还能保持鲜嫩。

据说美国总统克林顿来华访问，有人问他对中国最深的印象是什么，克林顿幽默地回答说："宫保鸡丁"。他认为这是非常难得的美味。之后他到四川，到上海，都曾点过宫保鸡丁。

这道菜虽然是川菜经典，但并不是很辣，口感层次丰富，可说是中国菜式大融合的经典。它发源于贵州，成熟于山东，定型于四川。

其实，伍钰盛作为川菜大师，最擅长的还不是宫保鸡丁。他精通川菜全面技术，以善做汤著称，熟谙什么肉配什么汤。他的代表菜为烧牛头方、豆渣猪头、烧鱼翅、豆瓣大虾、水煮牛肉、干煸牛肉丝。

因为与峨嵋酒家的特殊缘分，在峨嵋酒家十周年时，梅兰芳题写了匾额，沿用至今。

恩承居的油　烤肉宛的肉

梅兰芳还常去前门外陕西巷的恩承居，这是老式广东菜的代表，是那个时候在北京的广东籍官员和富商常常聚会的地方。代表菜如鸡蓉玉米。此菜先将玉米切碎煮成蓉状，再加鸡蓉。这道菜清淡爽口，是梅兰芳很喜欢吃的菜。

梅还喜欢猪油炒芦荟（龙须菜），还有伊府面。这面是清代一个叫伊秉绶的福建人发明的，做法是用鸡蛋和面，加海参、猴头菇、海米、蹄筋、香菇、犬油，以砂锅为器做成，做法很像佛跳墙。伊知府是福建汀州人，这种做法肯定是闽菜的传承。伊知府是一个书法家，写一笔好字，也善画，他写的"墨柳"尤为出彩。

鸭油炒豌豆苗、蚝油鳝背也是梅经常点的菜。因为来的多了，梅兰芳到了恩承居，不待点菜，伙计就会把他常吃的菜端上来。

鸭油炒豌豆苗的好处是油而不腻，豌豆苗鲜嫩翠绿，非常爽口。蚝油鳝背是选用老板专门从广东香山运来的极品蚝油，鳝鱼一定要粗细一致，炒出来才能口感爽滑。

梅的好友戏剧大师齐如山也非常喜欢到恩承居来吃饭，他吃鸭油炒豆苗时，要让伙计去同仁堂打上一壶碧绿的"绿茵陈酒"，边吃边喝，酒配菜，被称为"翡翠双绝"。

恩承居这种用油的讲究堪称一绝，也是中国菜的绝技之一，用不同的油，猪油、鸭油、蚝油、犬油等搭配不同的食材，往往有意想不到的效果。

我曾经用腊肉油来炒菜薹、蒜薹，薹类的菜带一点辛辣味，而腊肉油恰恰能去除这些辣味，而保持它的鲜味。我还用过羊油炒萝卜丝，结果成菜的味道非常好。这种用油的方式，灵感来源还是通过传统食材相互之间的搭配延伸而来的。比如我试验过用犬油来烧甲鱼，味道非常好，而实际上淮扬菜中就有狗肉炖甲鱼，是道名菜。在北京的望京，因为聚集了大量的韩国人，超市里有狗肉卖。另外，猪油拌饭，猪油下面，猪油炒青菜，都很美味，蛋炒饭也一定要用猪油炒才最香。

在北京，梅兰芳还常去烤肉宛。烤肉宛以烤牛肉、羊肉包子等清真饮食著称，它的烤肉以肉质细腻赛豆腐而闻名。现在的牌匾为清末皇族溥儒题写。

烤肉宛用料非常讲究，烤牛肉一定要选取蒙古产的四五岁的羯牛或乳牛，而且讲究只取上脑、子盖、和尚头等最嫩的部位，还要剔除肉筋，切肉的刀工要非常精细。烤肉宛的看家炙子非同寻常，是用紫铜打造的，已经有几百年历史，是镇店之宝。烤肉的时候要先刷一层羊尾油，肉片撒在炙子上，滋滋作响，吃的时候配以二锅头。

写到这里，我直流口水，仿佛闻到从民国飘来的肉香。烤肉宛也是名人汇聚之地，张大千、马连良、齐白石等是常客。齐白石曾题写过一个"清真烤肉宛"的匾额，还送过一幅梅花图，八十岁的时候还专门画了一幅"仁者多寿"送给烤肉宛。

烤肉的吃法非常古老，有几千年历史，1978年出土的曾侯乙墓中就有青铜炙子。中国成语中"脍炙人口"的炙就是烤肉。

烤肉宛烤肉必用松木或果木炭烤，然后用特制的汁将切碎的肉腌制，烤的时候搭配葱丝、香菜，在炙子上翻烤，烤出来的肉颜色栗红，口感细嫩润滑，不柴不腻，咸味醇厚，肉香、果木香融合。

现在城市里也有很多烤肉店，但首先就输在了烤肉的燃料上，现在几乎没有用松木或者果木的，很多是用人造木炭，有的干脆用电烤。食材上，因为当下糟糕的食品安全，味道自然也差了很多。

我也很爱吃烤肉，嘴馋时一是去街边的小店，虽然卫生条件差了一点，但他们一般还是用天然木炭；还有就是去像汉拿山这样的韩式烤肉店，环境好，肉也嫩，虽然用的是人造木炭，但也就不细究了。

同春园的文化菜

梅兰芳还常去同春园，它以其江苏名肴，以及独特的文化氛围吸引了很多文人墨客。淮扬菜本身就很文，人们常说鲁菜官气、粤菜商气、川菜民气、苏菜文气，是有其道理的。

清代大多数饮食典籍都是由南方文人写就的，比如朱彝尊的《食宪鸿秘》，袁枚的《随园食单》等。在菜名上，苏菜、淮扬菜也非常讲究，比如明月生敲鳝鱼、龙戏珠、仙姑懒睡白云床、吹沙洞箫等。这些名字诗意很重，但并不牵强附会，而是很恰当，提升了文化品位。

在当代文化美食中，大董烤鸭是做得很好的，它将唐诗宋词融入菜品。但我觉得还不够，还要从现代诗歌、环境、人文情怀深入下去。

梅兰芳特别爱吃同春园的松鼠鳜鱼、响油鳝糊，这也是江苏名菜。同春园开业当天，盛邀了时任北平电灯公司经理冯恕，他也是著名书法家，他送一幅对联：杏花村内酒泉香，长安街上八大春。"八大春"以此名满京城，同春园也占据核心。

同春园的老板之一郭干臣四处求贤，把春华楼的厨师长王世枕挖了过来，王以做松鼠鳜鱼、响油鳝糊、蟹粉狮子头、水晶肴肉等苏菜名馔著称。

比如，同春园响油鳝糊的做法是将鳝鱼丝滑炒，然后与火腿丝、香葱丝摆入盘中，用炸花椒的热油浇上，香气四溢。中医认为，鳝鱼味甘性温，有补虚损、除风湿、强筋骨等功效。

同时，同春园也很注重文化，比如上松鼠鳜鱼时，搭配唐人张志和的绝句"西塞山前白鹭飞，桃花流水鳜鱼肥"一起上桌，美句配美食。不仅如此，1936年，店面扩建后，老板开始包办各种酒席宴会，并请当时的名角唱段子，助兴下酒。

一个饭庄在好菜与文化氛围中，生意会越来越兴隆。我觉得，一个酒楼在做好菜的基础上，也一定要做好文化，这样才能有长久的吸引力。

梅兰芳六十大寿就是在同春园办的，据传当日的菜单中有松鼠鳜鱼、水晶肴肉、文思豆腐、蟹粉狮子头、火腿酥腰；小吃有蟹粉烧麦、羊羹、核桃酪、炸春卷等。

梨园家宴润梅腔。

齐白石也是松鼠鳜鱼的爱好者。这道菜现在全国各菜系中都有，包括川菜中也有。但这道菜创始于苏州地区，传说乾隆下江南时吃过这道菜，当时老板把鱼剔骨，裹上蛋汁炸熟，浇上糖醋汁，形似松鼠。

鳜鱼又叫花鱼、过鱼、母猪壳等，与四腮鲈鱼、兴凯湖白鱼、黄河鲤鱼并称中国四大淡水名鱼。全国很多菜系中都有鳜鱼的名菜，比如安徽臭鳜鱼、江西干蒸鳜鱼、湖南柴把鳜鱼、福建清炖鳜鱼等。中医认为鳜鱼味甘性平，宜脾胃，运饮食。

这，也是梅兰芳注重的营养。

梅府家宴守清淡

梅兰芳特别喜欢淮扬菜，饮食恪守清淡为主。他特意请了一个淮扬师傅王寿山，王为了保持梅的嗓子、身材肤色，精心研制了六百多道美食。其中最著名的鸳鸯鸡粥，梅兰芳几乎每天必喝。

鸳鸯鸡粥的做法是将鸡肉熬制四十八小时，至鸡肉烂成蓉状，再根据不同的时令选择蔬菜，做成菜汁，调成太极图状。此菜口感清淡，色香味俱全。

梅兰芳登台演出之前，会提前两个小时喝粥。临近演出就不再吃饭，符合饱吹饿唱的标准。袁枚的《随园食单》中就有鸡粥一款，做法是选肥母鸡一只，用刀将胸脯肉去皮，细刮或刨刀刨，但不可斩，斩了就不腻了。这样做是保留鸡肉的纤维不被破坏。然后与鸡的其他部分一起熬汤，加入细米粉、火腿末熬成粥。

梅兰芳喜欢的另一道名菜是霸王别姬。抗战前夕他到徐州演"霸王别姬"，全城轰动。演出结束后，东道主宴请，其中一道菜是几只甲鱼漂在汤上，底下是白白的鸡肉。鸡块酥软，入口即化。梅兰芳很喜欢，连吃两鳖。就问这道菜的名字，回答说"霸王别姬"，梅兰芳拍案叫绝，与演出的戏码配合无间。

霸王别姬本身就是传统名菜，是为了纪念楚汉相争的往事而命名的，这段故事在中国耳熟能详，著名导演陈凯歌还拍过同名电影。

清代童岳荐的《调鼎集》中也有此菜记载，不过名字不叫霸王别姬，而是叫鸡炖甲鱼，具体做法是：选一斤重甲鱼和雏鸡，各如法宰洗，用大瓷盆铺大葱一层，并蒜、大料、花椒、姜片放下，盖以葱，用甜酒、清酱、腌蜜，加汤，炖两柱香，熟烂鲜美。此菜可以家庭做。

都一处烧卖馆在北京非常有名，也是梅兰芳常去的地方。他常在广德楼演出，而都一处店面正好与广德楼的后门相对，那里也成了很多京剧演员常去吃饭的地方。都一处1738年开业，最早是山西人瑞福创办的小酒店，以经营凉菜、酒菜、烧卖为特点。乾隆一次去通州私访，回京时天色已晚，大饭馆都关门，于是来到小店都一处吃饭。主人端上一大盘烧卖和一大盘白菜，乾隆吃得很香甜，就问小店叫什么字号。老板回答说，小店没有字号。乾隆就御口说，今晚整个京城就这一家开，就叫都一处吧。

都一处的烧卖非常出名，味道鲜美，与无锡的蟹肉烧卖、上海的糯米烧卖并称最好的三种烧卖。

梅兰芳到这里除了点烧卖之外，还必点乾隆白菜、干炸小丸子。大师傅都知道梅兰芳喜欢清淡口味，因此会少油少盐，丸子也是反复沥干油之后再上。

因为喜欢清淡，梅兰芳养成了"三不三怕"的饮食习惯：不喝酒，不吃动物内脏、不吃红烧肉之类太油腻东西，怕生痰，怕演出前后吃冷饮，怕热嗓子给哑了。

梅兰芳终其一生都非常注意保护肺和嗓子，据说他睡觉时也会含一片雪梨以养肺护嗓，第二天再取出扔掉，丝毫不会马虎。

当郁达夫的舌头舔食着西施舌
肉燕如长春花朝鲜嫩盛开
烈日一边西下一边软煎着海蛎
蓝色的波浪起伏着壮阳的醇香

然而达夫用一生来守候的
是深情的鸡汤中
用热恋烫熟的海蚌
透明的腴滑
远方的清鲜

那是海天一线处
梦中的那一口
永远停靠在了福州的码头
把着酒
等妹妹的细嫩
鲁迅的酒

富阳山水 闽江菜

郁达夫文才风流，小说、散文、诗歌样样都是妙笔文章。他还擅长多种语言，一生游历丰富，红颜知己不断。他本人最钟情的，还有美酒和那几碟可口的下酒菜。

"达夫好酒"是朋友们对郁达夫的一致评价。他自己也颇以醉酒为豪，曾写诗句："大醉三千日，微醺又十年。"据朋友记述，醉酒后的郁达夫往往更加文思泉涌，滔滔不绝。

好酒之人自然好吃，没有好的下酒菜，喝酒也就变得苦闷了。

郁达夫生就一副好胃口，他的夫人王映霞曾回忆他"一餐可以吃一斤重的甲鱼或一只童子鸡"。

郁达夫生在浙江富阳，富春江里的河鲜，稻田里的时蔬，给了郁达夫敏感的味觉和美食基因。他爱吃鳝丝、鳝糊、甲鱼炖火腿等地道的本地美食。

富阳山水奠定了郁达夫嗜酒爱吃的习惯，而福建的小吃和大餐则真正把郁达夫送上了美食天堂。

在福州短短三年，郁达夫把他的美食体验化作传世美文《饮食男女在福州》，里面记录了大大小小的美食，如今读来还让人咽唾沫，估计当时郁达夫是沾着口水写完的。

作为一个浙江人为什么对闽菜如此情有独钟？其实作为吃货，郁达夫爱上闽菜是很自然的。浙江与福建的口味本就有接近的地方，很多食材也相通；闽菜位列八大菜系，博大精深，有很多独到的烹饪和顶级菜式。

福建是孕育闽菜的宝地，对此郁达夫赞不绝口："福建菜所以会这样著名……第一，当然是由于天然物产的富足。福建全省，东南并海，西北多山，所以山珍海味，一律的都贱如泥沙。听说沿海的居民，不必忧虑饥饿，大海潮回，只消上海滨去走走，就可以拾一篮海货来充作食品。又加以地气温暖，土质脲厚，森林蔬菜，随处都可以培植，随时都可以采撷。一年四季，笋类菜类，常是不断。野菜的味道，吃起来又比别处的来得鲜甜。"

闽菜本身即以擅做山珍海味著称，最出名的当然是佛跳墙。以我看来，如果在全国评国菜，佛跳墙肯定是首选之一。闽菜的特点是清鲜，和醇，雍香，不腻，这在佛跳墙中发挥到了极致。

佛跳墙选取海鳗、鱿鱼、蛏子、海参、海蚌等海鲜原料，加上猪肉、香菇、木耳等陆上美味，用煨的做法细致入味，终成人间绝品。

闽菜起源于闽侯（福州菜中心），融合闽西菜、泉州菜、厦门菜，自成体系。郁达夫最喜欢的是福州菜。

在《饮食男女在福州》中，他记述了肉燕、蚌肉、鸭肉面、水饺、贴沙鱼等小吃。他最喜欢的，当然是海味。

他写道："福州海味，在春三二月间，最流行而最肥美的，要算来自长乐的蚌肉，与海滨一带多有的蛎房。……"

销魂西施舌

他称蚌肉是"神品",并推断这是否就是《闽小纪》里所说的西施舌。他还举出一个故事来旁证,说有一位海军当局者,老母病剧,颇思乡味。虽远在千里外,仍欲得一蚌肉,以解死前一刻的渴慕,部长纯孝,就以飞机运蚌肉至都。

面对美食,吃货郁达夫自然不客气,大吃特吃。他自己写道:"我这一回赶上福州,正及蚌肉上市的时候,所以红烧白煮,吃尽了几百个蚌,总算也是此生的豪举,特笔记此,聊志口福。"

实际上,郁达夫吃到的蚌肉并不是西施舌。这也难怪郁达夫,很多人都常把文蛤等蚌类与西施舌弄混。西施舌的最大特征是"壳长约为壳宽的两倍",西施舌的斧足长似人舌,雪白鲜嫩,绝非文蛤类所能比拟。

对于西施舌这种美食，早在宋代就有记载了。宋人胡仔在《苕溪渔隐丛话》中说："福州岭口有蛤属，号西施乳，极甘脆。"清代周亮工在《闽小纪》中夸："闽中海错，西施舌当列为神品。"李渔《闲情偶寄》也说："海错之至美，人所艳羡而不得食者，为闽之西施舌。"

西施舌的常见做法是做汤，闽菜中有炒西施舌、油条西施舌、氽汤西施舌等菜式。

而郁达夫提到的海蚌，迄今也还是闽菜的代表菜，现在叫做鸡汤氽海蚌。其做法是将母鸡宰杀净，斩成块，将猪瘦肉切成片，加水，上蒸笼两小时取出，拣去肉片，鸡汤用干净的纱布滤净待用，海蚌洗净，料酒略腌，鸡汤煮热，海蚌肉加入，加白酱油，调味出锅。

从整个操作手法上看，这道菜特别出彩的，是用很烫的鸡汤烫熟海蚌，最大限度保持了海蚌的鲜味，加上鸡汤的醇厚，入口肯定是极具征服力的。

海蚌还有很多做法，我收藏的一本1982年出版的《中国名菜谱·福建》中除了鸡汤氽海蚌之外，还有粟米煨海蚌。这让我想起现在酒店中高档菜的小米煨海参，起源实际上很早，并不是现在的发明。菜谱中还记录一款非常有福建特色的糟汁氽海蚌。可见，海蚌制作的丰富性，在闽菜中确是非常突出的。

小吃最下酒

在《饮食男女在福州》中，郁达夫还提到蛎房的美味，他说："正二三月间，沿路的摊头店里，到处都堆满着这淡蓝色的水包肉；价钱的廉，味道的鲜，比到东坡在岭南所贪食的蚝，当然只会得超过。"

他还不忘调侃千年之前，同样嗜酒好吃的苏东坡，"可惜苏公不曾到闽海去谪居，否则，阳羡之田，可以不买，苏氏子孙，或将永寓在三山二塔之下，也说不定。"

牡蛎味腥，但非常鲜。烹饪得当则极鲜美而没有腥味。其中出彩的做法是鸡蓉蛎糊：将牡蛎切碎，加入用鸡脯肉剁成的蓉泥和肥膘肉剁成的泥，以及加鸡蛋淀粉鸡汤等，与姜末、葱末、白酱油各种调料，拌匀成鸡蓉蛎糊，煮熟浇在茶食，也就是麻花上，北方叫油炸馓子。这个菜现在福建还有，是浇在油条上。成菜后，嫩滑味鲜，爽口开胃，老幼皆宜。另一种做法是软煎海蛎：把牡蛎洗净，捞起，与蟳肉丁（螃蟹的一种）、鸭蛋、香菇等和成酱，下猪油锅煎制而成。成菜后黄白香艳，鲜美醇香，是佐酒佳肴。我想，酒鬼郁达夫肯定更喜欢这种美食。

福州小吃中的肉燕让郁达夫印象深刻，他对制作过程有详细的描述："一两位壮强的男子，拿了木锤，只在对着砧上的一大块猪肉，一下一下的死劲地敲。把猪肉这样的乱敲乱打，究竟算什么回事？我每次看见，总觉得奇怪；后来向福州的朋友一打听，才知道这就是制肉燕的原料了。"

肉燕是福州传统名小吃，如今去，街上还都买得到。此名点需将猪肉打得粉烂，和入地瓜粉，制成皮子，如包馄饨的外皮一样，加海米、芥菜末、骨头汤、虾油做成的馅儿，从中间合拢，弯曲成长春花形（因此又叫肉长春），蒸熟。

闽菜里海鲜菜是主角，但与粤菜等处理海鲜的方式不同，闽菜处理海鲜时，都是用"综合手段"，海鲜往往与很多食材相互赋味，比如鸡脯肉、猪肉、海鲜、香菇等，它们可相互增香提味。

现在各种菜系都有海鲜的做法，包括川菜和湘菜。对于海鲜川做、湘做，用麻或者辣来处理海鲜，我不太赞同，因为不符合食材的特点。在综合处理海鲜上，我觉得其他菜系要向闽菜学习。

朋友来了有酒肉

郁达夫游历很广，留学日本，回国后在安徽、福建、上海都长居过，还到过山东的青岛、济南等地，抗战后到新加坡，最后迁居苏门答腊，可谓尝尽天下美食。

他交友也同样广泛，朋友很多，而朋友们在一起又往往少不了吃吃喝喝。比如与柳亚子、鲁迅、沈从文等，互相之间的饭局充满了各自的日记。

郁达夫与鲁迅的交往是美食与美酒的精彩碰撞，从1923年相识到1936年鲁迅逝世，十三年中，两兄弟你来我往，喝了多少酒，吃了多少菜，又在酒桌上喝醉呕吐了多少回恐怕很难说清，"达夫招饮"的记述也每每见于鲁迅日记中。

郁达夫日记中也有细致的记录："午后打了四圈牌，想睡睡不着，就找鲁迅聊天，他送我一瓶绍酒，金黄色，有八九年光景。改天找一个好日子，弄几盘好菜来喝。"

这种默契舒适的交往，欢乐而温暖，在当代文人中很少见了，很让人向往。郁达夫记录的这种互赠美酒的细节，让我很感动，想起20世纪80年代，一帮诗人朋友经常喝酒聊天的往事。

那个时候没有多少钱，买不起瓶装酒，常常喝散酒，几毛钱一斤，瓶装酒要两三块钱。有一年冬天，有个开大货车的哥们，叫做屈牛，穿一件军大衣来找我，兴奋地从大衣荷包摸出两瓶泸州二曲，说："二哥，今天咱们喝好酒！"

我眼睛一亮，马上抓起来，放到办公桌下的柜子里，说："这么好的酒，今天喝太浪费了，我们过年来喝。"当时我做老师，一个月只有五十多块的工资，他开货车能挣到上千块，经常搞些好酒来。

另外一次是和诗人李亚伟，他也穿一件军大衣来找我喝酒（那时时兴穿军大衣），拿一瓶泸州二曲。两人喝了之后，还觉得不过瘾，李亚伟借着酒劲儿就说："二曲算个屁，老子稿费来了要喝泸州特曲！"当时是1986年，我们这些地下诗人已经开始逐渐得到官方刊物认可，陆续发表诗歌，有稿费拿了，喝酒也更豪气了一点。

郁达夫和鲁迅的交往充满了浓浓的酒气，但我能感觉到他们之间的醉意，超过了酒本身，这种醉更有一种朋友的情谊在里边。

鲁迅有一首著名的《自嘲》诗，就是在郁达夫做东的饭局上做成的。1932年4月5日在聚丰园，郁达夫请鲁迅夫妇、柳亚子夫妇边喝边聊。鲁迅晚年得子，对许广平很爱。生完孩子的两年中，鲁迅花了很大心血照顾他们母子。郁达夫饭桌上就打趣说，你这些年辛苦了吧。鲁迅有些腼腆，当场回答："横眉冷对千夫指，俯首甘为孺子牛。"

从这个故事可以看出，鲁迅的"俯首甘为孺子牛"主要指对自己的儿子和老婆，而小时候我们接受革命教育，说鲁迅这是"为人民"，人为拔高了。这首诗中还有两句"躲进小楼成一统，管它春夏与冬秋"，这如果在当时看到，肯定会觉得鲁迅格调不高，不是人民卫士了。

与郁达夫喝酒吃肉时的鲁迅是更本色、更接地气的，也是更可爱的文人。

酒肉与诗歌恐怕很难分开，鲁迅在达夫的饭局上作诗的事，我们那个时候也干过不少。

喝完酒之后，常常朗诵自己作的新诗，有时候还闹出笑话。记得一次诗人马松兴奋地站到桌子上朗诵自己的新作，酒喝得太多，刚朗诵了两句就记不得了，伸手摸口袋里的诗稿，哪知道一下子摸出一张收据，又摸出一张粮票。马松醉眼迷离，还拿着粮票认真地看诗句在哪里，引得大家大笑不已。

2007年的一天，诗人张枣从德国回到中国，喝了酒以后，常用俄文朗诵莱蒙托夫的代表作《帆》，还朗诵普希金的诗歌，非常深情，投入。那时的我们非常快活。

在朗诵的同时，朗诵下酒，诗歌下酒。

有一个巧合是，鲁迅和郁达夫都患肺结核，我想这可能与他们忧郁、爱生气有关。

但郁达夫与鲁迅相比，性格上更加开朗些，他的夫人王映霞做菜也更好，更照顾他，常常熬鸡汤、炖甲鱼，用黄芪炖老鸭给郁达夫补身体。黄芪是补气的，与老鸭同炖，可以治痨热、骨蒸、咳嗽、水肿。

除了鲁迅和郭沫若，郁达夫还常与他的兄弟们，如楼适夷、王鲁彦等喝酒。一次大醉，被巡捕带回了看守所，郁达夫一觉醒来发现自己在牢里，吓了一跳，以为自己搞左翼文化运动被揭发，做好了受审的准备。巡捕过来，斥责他深夜醉酒，触犯了治安条例，把他当做一般的酒鬼，他这才松了一口气。

抗日战争期间，郁达夫先是在新加坡，后来被迫到苏门答腊，改名赵廉，开了一家赵豫记酒坊，给日本人送酒，当翻译掩饰身份，从事营救华侨和文化名人的地下活动。因为环境危险，他怕误事，居然戒了酒。

1945年9月，郁达夫被日本宪兵秘密杀害，尸骨至今都没有找到。消息传到国内，胡适评价他的一生说："郁达夫生于醇酒美人，死于爱国烈士，可谓终成正果。"

『午后打了四圈牌，想睡睡不着，就找鲁迅聊天。

他送我一瓶绍酒，金黄色，有八九年光景。

改天找一个好日子，弄几盘好菜来喝。』

张爱玲径直走向
朱自清的荷塘月色
采莲和采荷叶
做成丰腴香润的粉蒸肉
旗袍般裹着的柔软
月光的味道
上海女人的味道

满口遥远的粉滑
味蕾上盛开的酥烂
是谁在一千次的脆嫩之后
又一万次的柔润
直达味道的最深处
升起江南的晚霞

于是我看见
苋菜染红的天空下
胡兰成的肉欲
慢煨着张爱玲的萝卜

销魂的舌之味

张爱玲是民国时著名才女，一句"出名要趁早"成为指点此后历代才女的金玉良言。

男人心中的理想女人有几个标准是共通的——所谓上得厅堂，下得厨房。以此衡量，张爱玲绝对算是优秀女人，除了这两条，她还多一条"写得好文章"。

张爱玲文章写得好早有定论，自20世纪90年代开始的一波波"张热"便是明证，我不想再凑热闹。作为一个资深吃货，我关心的是张爱玲文字间散发的阵阵饭香和一道道可口的小菜。

与其他作家相比，张爱玲作品中写吃的篇幅更多，也更细致，有时候甚至会详细地记叙菜的做法。单从这个细节看，我就愿意引张才女为吃货同类。再读起她的文章，也多了几分亲切。

张爱玲关于吃的系统论述主要是一篇名为《谈吃与画饼充饥》的长文，提到童年在天津时吃到的各种美味。

其中一道是鸭舌小萝卜汤。对于这道童年美味，张爱玲的描述很有趣味："咬住鸭舌头根上的一只小扁骨头，往外一抽抽出来，像拔鞋拔……汤里的鸭舌头淡白色，非常清腴嫩滑。"

这段短短的文字可谓精彩，色香味俱全，细致入微，只有真正的吃家才能体会得到其中的味道。

鸭舌的味道往往柔糯带弹，很多吃货都非常喜欢，而且正如张爱玲所说"清腴嫩滑"的鸭舌，吃起来很有些像男女之间接吻的感觉，颇有销魂味道。

我本人也是鸭舌爱好者，吃的方式也与张爱玲描写得很像，吃的时候也未免有些旖旎的想象：张爱玲后来再吃鸭舌时，会不会想到她与胡兰成的拥吻呢？

鸭舌算是下水，虽然美味，但始终难登大雅之堂。我遍查了很多民国时期的菜单和宴会资料，像北京的八大楼、八大居菜谱中，几乎没有鸭舌的踪影，倒是常见鸭肝做的菜式。在这一点上，同属下水，鸭舌的地位就远不如鸭肝了。

而鸭肝之所以能登上台面，位列宴席正菜，我想还主要是沾了她的大姨妈"鹅肝"的光。鹅肝是西方菜式中的顶级食材，名贵得紧，在民国西风劲吹的时代，靠着这位风光的洋亲戚，鸭肝自然也就被抬高了身价。

鸭舌有浓重的江湖气质，被国人广泛接受，还是近二十多年来的事情。20世纪90年代，国内兴起"三国热"，这也吹到了美食界，大厨们创制了很多"三国菜"，其中有一道"舌战群儒"就是用鸭舌为主料。

这道菜用鸭舌可谓得当，因为张爱玲就说过："鸭子真是长舌妇，怪不得它们人矮声高，'嘎嘎嘎嘎'叫得那么响。"

舌战群儒菜谱

主料

鸭舌两百五十克，鲜银鱼一百五十克，口蘑十个。

调料

鸡油六克，盐五克，味精四克，料酒五克，高汤一千克，胡椒粉两克，姜片十五克，葱段十克。

制法

1. 鸭舌下开水锅烫二十秒洗净，银鱼洗净，口蘑切梳子花刀。

2. 鸭舌、银鱼、口蘑分别焯水待用。

3. 鸭舌加姜、葱、料酒、盐，上笼旺火蒸五分钟至入味取出，摆入小碗中，加入口蘑、盐、味精调味，上笼旺火蒸十分钟取出，翻扣碗中。

4. 锅中放入高汤、料酒，下银鱼煮熟，加入盐、味精调味，倒入盛鸭舌的碗中，淋鸡油，撒上胡椒粉即成。

说到鸭舌，绕不过北京著名的全聚德。全聚德以烤鸭驰名世界，但他们对鸭的利用不止于鸭肉，也包括鸭掌、鸭肝、鸭舌等。

我有收藏菜谱的爱好，手上有本1982年北京出版社出版的《北京全聚德名菜谱》，其中有几道鸭舌的名菜：水晶鸭舌、云片鸭舌、葵花鸭舌、牡蛎竹荪鸭舌汤。

光看名字，这几道菜已经足够精彩。与全聚德这几道菜相比，张爱玲的鸭舌小萝卜汤只能算是小菜一碟了。

但遗憾的是，去吃过不下三家的全聚德，始终没能吃上这菜谱上的"鸭舌菜"，这不能不让人遗憾。

借着这个小小的遗憾，这里多说两句，说给全聚德，也说给中国当下的美食界——现在的餐饮两极分化，要么拼命搞江湖菜系，跟风追潮；要么拼命学西方赶时髦。而在传统美食的复原和继承方面，搞得很差，丢掉了很多传统的东西及经典菜式。

我一向的观点是，"真正的美食美味是小众的。"这种小众不在于价格的高低，而在于是否沿用了当地自然的食材及古法制作。我把这个观点总结成一句话：美食在当地，当地在民间，民间在家庭。

鸭舌虽不登大雅之堂，但深得很多吃家钟情。清人童岳荐的

《调鼎集》中也记录了不少鸭舌菜：糟鸭舌、白煮鸭舌，风鸭舌、煨鸭舌等共八款。其中煨鸭舌做法是：以鸭舌配鸭皮、火腿片，加葱、盐、酒酿（醪糟）文火煨制。光从食材的搭配上，就可以想象这道菜的美味，酒酿可去腥增香，而火腿片则可以让鸭舌的味道更加醇厚爽滑，很值得我们借鉴复制。

鸭舌一般的做法是煮、卤，还有就是烧、烩。我曾经尝试做过比较特别的处理方式，即用做腊肉的方式处理鸭舌做成腊鸭舌，还用过甜面酱酱鸭舌。把肉用腊的方式处理往往能让味道更加厚重，口感也更韧弹。腊鸭舌是用柏枝、花生壳、核桃壳等烧火烟熏的，干了之后很像一个小虫子。吃的时候要先用温水发涨，然后煮熟。上桌之后是少有的民间美味，不少朋友吃了连声叫好，但也同时纷纷问，这是什么东西——他们已经认不出来那是鸭舌了。

其实不止是鸭舌，很多动物的舌头——鸡鸭猪牛羊，都是超级美味，袁枚的《随园食单》中就收录有牛舌。舌这种食材，肉质细腻富有弹性，口感介乎于肥瘦之间，很容易就俘获很多人的味蕾。吃的时候口感嫩滑，让人联想起销魂的爱情之舌，才气横溢的"三寸不烂之舌"，更有别样体味。

因为特别钟爱"舌"的销魂味道，我每年都会做不少腊猪舌、腊牛舌等煮香入味上桌，再与几位好友一起分享，配上私家酿制的"二毛红"酒，非常快意。

风骚的萝卜

家常味中，张爱玲还喜欢一道她姑姑张茂渊做的"萝卜煨肉"。这道菜妙在"煨"，以及萝卜和肉的搭配。煨是比炖更加细腻的烹饪方式。煨用文火，炖用中小火；煨的菜品汤少，基本上融在食物中，味道更加浓郁，以吃食材本身为主，而炖更多是为了喝汤。

煨是有贵族气质的做法，太耗工夫，我小时候吃得更多的是母亲给我做的萝卜炖肉。那个时候缺油少肉，母亲就想办法用猪皮、猪骨头，加海带、萝卜炖上一锅给我解馋。

母亲的萝卜炖肉有个点睛之笔——加陈皮。如果没有，也可以用新鲜的橘皮。炖好肉，把橘皮捞出不吃，但肉的味道已经因它而得以升华。

我记得小时候吃橘子的时候，母亲会有意地把皮留起来，放在窗台上晒，留着用。

炖肉这道美味中，离不开老姜、陈皮和干花椒，这"三剑客"分别具有去腥、除腻、增香的本领。有时候我也会放几个干辣椒，目的不是增加辣味，还是去腥增香。

在炖肉的时候加陈皮，目前还不被很多人重视。我的实践体会是，炖肉，特别是炖猪、牛、羊肉时，加一点陈皮，会有意想不到的效果。

中医认为陈皮味苦、性温，有理气调中、健脾的功效。现代营养学也证实，橘皮中有丰富的维生素C和B，对人体大有好处。

炖肉加陈皮的数量怎么控制呢？二三斤肉，放一个橘子皮的量就够了。

萝卜炖肉，萝卜也是主角之一。炖肉的萝卜最好用霜后的萝卜，水分多，清甜、沙脆。我曾经专门用霜前霜后的萝卜炖肉做过比较，味道真的差好多。

萝卜可以和几乎所有的肉类放在一起炖或者煨，堪称肉类的大众情人。清爽脆甜的萝卜能和肉相互抚慰，建立一种情人般的融洽关系，互相增加味道。

但萝卜最钟情的老公还是羊肉，羊肉可以让萝卜更加风骚惹人。我曾与朋友多次吃过萝卜炖羊肉，最后往往是萝卜吃光了，羊肉还剩下不少，可见羊肉滋润下的萝卜有多么诱人。

如果萝卜是一个小情人的话，属于很少让肉类老公烦的那种：很清爽端庄，可人而不粘人，站在肉肉男人身边，自有一种特别的韵味。

萝卜与肉的关系让我想到张爱玲与胡兰成，当然是他们热恋的时候。那时候的张就像一个清清白白的萝卜，偎依在胡兰成的怀里：生吃脆甜，熟吃柔甘。

苋菜——粉红的回忆

张爱玲记述她在上海与母亲同住时，常去对街的舅舅家吃饭，而每每母亲都会带一份清炒的新鲜苋菜。

在张的笔下，这道菜是色彩丰富、性感怡人的："苋菜上市的季节,我总是捧一碗乌油油紫红夹墨绿丝的苋菜，里面一颗颗肥白的蒜瓣被染成浅粉红。在天光下过街，像捧着一盆常见的不知名的西洋盆栽。小粉红花，斑斑点点，暗红苔绿相同的锯齿边大尖叶子，朱翠离披。不过这花不香，没有热乎乎的苋菜香。"

张爱玲对苋菜的把握绝对是美食家级别的，她曾说："炒苋菜没蒜，简直不值一炒。"可见，蒜瓣在这道江南鲜味中，是充当小蜜的角色的。

与上海的称呼不同，我们老家酉阳把苋菜叫做蕹菜或者叫做天仙米。蓱菜这一说法很古老，《本草纲目》中就说："蓱菜生南地，田园中小炒也。"

张爱玲对苋菜非常有画面感的这段描述，一下子勾起了我的记忆：小时候母亲给我们做苋菜，加了一点醋炒，可以把饭拌得非常红而且香。

把米饭染红了吃，对于孩子们来说，总是非常有乐趣，可以增加食欲。

苋菜不仅是美食，还是良药，中医认为它清热解毒，可以收敛止血。记得小时候我拉肚子，母亲就用醋熘苋菜加比平常更多的蒜让我吃，一般吃两顿拉肚子就好了。

清代名医王世雄有部《随息居饮食谱》，是著名的食疗书，其中提到苋菜时说它"补气清热明目，滑胎，利大小肠"。书中还集中提到做法，蒸苋菜、苋菜汤，烩苋菜等。烩嫩苋菜头的做法是，苋菜头加鸭蛋白、鸡汤烩，味道更是鲜美。

苋菜是江南、西南一带常见的青菜，川菜、粤菜、淮扬菜都有出名的菜式。

比如川菜中有一道"红柿绿苋"，就是用酿有肉的西红柿配苋菜做汤；粤菜中有一道"蟹蓉烩苋菜"，具体做法是把苋菜洗净，用热水汆熟；蟹肉洗净，加一点牛奶和蛋清调成蟹蓉；油锅烹入料酒后，下胡椒、盐，然后再下苋菜、蟹蓉，勾芡，同时下牛奶，盛碗后再撒上火腿末成菜。

苋菜本是野菜，后来才成田园清蔬。

清人顾仲在他的《养小录》"蔬之属"中提到，"灰苋菜，熟食，炒、拌俱可，胜家苋，火证者宜之。"苋菜实际上分红绿两种，清人薛宝成在《素食说略》中就记述："苋菜有红、绿两种，以香油炒过，加高汤煨之。"这种做法也很妙，因为先炒再煨能使之更香浓，更能突显苋菜的鲜美。

总之，这是一味美好的蔬菜。

上海女人像粉蒸肉

张爱玲在小说《心经》中有段描写：许太太对老妈子说，开饭吧，就我和小姐两个人，桌子上的荷叶粉蒸肉用不着给老父留着了，我们先吃。

这里提到的粉蒸肉，特别是荷叶粉蒸肉是地道的江南美食，也是张爱玲最好的"那一口"。她爱吃粉蒸肉已经到了哲学层面，她曾说，上海女人像粉蒸肉，广东女人像糖醋排骨。

用菜来形容人，而且如此贴切，可见张才女名不虚传，更见她对美食的独到体悟。不久前参加北京电视台《北京味道》系列片的录制，我谈家乡菜与家乡味，就举了张爱玲用粉蒸肉比上海女人的例子。大概是受了张爱玲的启发，当时主持人问我重庆女人像什么，我脱口而出——麻辣火锅，热烈而滋润，而成都女人像色红嫩香的鱼香肉丝，带一点淡淡的酸和浅浅的甜。后来主持人问我我像什么，我说我就像一道柔润腴香肥而不腻的回锅肉。

张爱玲说上海女人像粉蒸肉，而她本人却不像，她更像另一道上海名菜"清炒虾仁"。这道菜要用猪油炒才最好吃。就像张爱玲的爱情，要用胡兰成这样的猪油来炒，才能色泽鲜嫩，清脆爽口。

粉蒸肉又叫醉肉，始于清，在民国盛行，在张爱玲时代达到顶峰。为什么这么说呢？首先是粉蒸肉的食材。那个时代的猪是自然生长，肉质香嫩异常；然后是包粉蒸肉的荷叶，现在已经没有朱自清《荷塘月色》里的荷叶可以用了。

地道的荷叶粉蒸肉是非常讲究的，要用杭州苏堤北端"曲院风荷"里的荷叶，现采、现包、现蒸，才能成就这道大俗大雅的美食。

现在都市的食肆里也往往有荷叶粉蒸肉、荷叶粉蒸排骨，但用的都是干荷叶，吃起来不但没有荷叶的清香，反而有股枯叶的衰败味道，很倒胃口。

粉蒸肉是流行于江南、西南的美食，也是我从小爱吃的。我最早吃到的粉蒸肉，自然是母亲做的。她爱用槽头肉做，这种肉既便宜，又肥而不腻，口感好。我专门写过一篇《槽头肉》来纪念母亲给我的美味。

说到粉蒸肉，我的诗人朋友，也是美食家的周墙还有一个甜蜜的故事：三十年前，当时他还在追求现在的夫人，去准岳丈家，为了搞定岳父大人，就做了一道粉蒸肉。当时灵机一动地加了豆腐乳，结果肉蒸出来之后，更加香醇柔嫩。准岳丈吃了非常满意，饭桌上当场就答应将女儿嫁给他。聊起这道拿手菜，周哥现在还颇为得意，他说，做粉蒸肉的绝招不仅仅是一点腐乳，做米粉时，糯米和粳米要各半，加花椒粒炒至金黄，现做现蒸，要蒸两个小时以上才够入味。

清代大诗人大吃家袁枚也喜欢粉蒸肉这一口，他的《随园食单·特牲单》中详细记述了此菜做法："用精肥参半之肉，炒米粉黄色，拌面酱蒸之，下用白菜作垫，熟时不但肉美，菜亦美。以不见水，故味独全。"

粉蒸肉不但周墙的岳丈喜欢，袁枚喜欢，大多数人都喜欢。粉子和肉相得益彰：肉的油腻被米粉吸收之后，粉子多了柔糯腴润的感觉，而肉被粉子从油腻拉向滑柔，吃起来很解馋，又下饭下酒。

成都把美女叫做"粉子"，灵感就出在这道菜上。

爱上烂豆渣

张爱玲还喜欢炒豆渣："豆腐渣，浇上剩的红烧肉汤汁一炒，就是一碗好菜，可见它吸收肉味之敏感；累累结成细小的一球球，也比豆泥像碎肉。"

豆渣实在算不上高级食材，农民常常用它来喂猪。豆渣的名声也不好——人们怨恨工程质量不过关也骂一句"豆腐渣"；就连看不起一个人，都有一句俗语："表面一枝花，内里豆腐渣"。

但豆渣实际上是个好东西，是我儿时最难忘的美味之一。母亲做菜豆腐，把豆子泡开，用小石磨推出来，里边有渣有豆浆混在一起，再拿来煮，开了以后把青菜切细末也放在里边一起煮，用小火边煮边加点卤水，或者是泡菜水，让豆渣和豆浆抱成团一起吃，再蘸点烧辣椒，简直把豆渣的美味带上了天堂。

卖臭豆腐干的过来了！

母亲做炒豆渣还有一种方法是用炼油剩下的猪油渣来炒：干辣椒节炝煳，加油渣、豆腐渣炒，最后加鲜绿的蒜苗入锅，断生就起锅。蒜苗花既可以提色又可以增香。

长居北京后，我有时候还是会非常想念儿时的豆渣美味，就去附近豆腐坊要豆渣做原料。要得多了，老板就以为我在养宠物，说，你这宠物很特别，吃豆渣啊。我就笑了，说我就是我的宠物。顺便教给老板怎么炒豆渣：雪菜加肉末（或火腿末）和豆渣一起炒，起锅的时候加蒜苗。他依样做了后，再见我连夸按我的方式炒豆渣好吃。

张爱玲提到用剩的红烧肉炒豆渣是暗合了美食原理的。实际上，江西有道名菜"雪花泥"，做法就是用红烧肉加豆渣炒；四川名菜里有豆渣鸭子、豆渣猪头。

豆渣做成的菜常被雅称为雪花，似乎是为了掩饰豆渣的低贱。实际上豆渣是登得上大雅之堂的。大美食家唐鲁孙特别喜欢用火腿油炒豆渣，说吃在嘴里酥松香脆，比福建肉松还好吃。据说大学者胡适的夫人江冬秀最会炒豆渣，也是用火腿末来炒。在台湾时，胡适吃到这道菜会说既下饭，又慰乡思，他还戏称这道菜是"圆梦菜"。

豆渣还有疗病之效。小时候与人打架，腿被踹得红肿起来，母亲见了，马上找来豆渣，用砂锅焙热，敷在红肿地方，两次就消肿了。

张爱玲的弟弟张子静曾回忆，张爱玲小时候特别爱吃一道合肥丸子，是家里的女仆做的，就是把调好的肉馅塞入糯米里，加鸡蛋汁，放入油锅中炸熟。

这个合肥丸子想必是来自张爱玲的曾外祖父——李鸿章，他是合肥人，家仆会这道菜顺理成章。

安徽还有一道丸子名菜——徽州丸子，是将三肥七瘦的猪肉剁成泥，团成丸子，在水泡过的糯米上滚，上笼用旺火蒸二十分钟，然后再勾上薄芡。

这种加糯米的丸子做法在南方产米的地区很普遍，我们老家也有，叫做珍珠丸子，蒸熟就吃，不勾芡。

我记得20世纪80年代时，去县城必须过龚滩古镇。那时靠轮渡过江，因为轮渡每天凌晨才有，要头天晚上就赶到。镇上有一位叫王耀的大哥，做珍珠丸子非常好吃。每次要过江，就会提前给他打招呼，让做上一大盘丸子，一起聊天下酒等轮渡，非常惬意。

轧马路、吃小吃

　　热恋时，张爱玲经常带胡兰成吃街头小吃。细读张的文章也可以发现，小吃，特别是上海小吃，是张爱玲美食生活与文学生涯的重要组成部分。在《谈吃与画饼充饥》中，她提到一个小吃"大饼油条"，说"大饼油条同吃，由于甜咸与质地厚韧脆薄的对照，与光吃烧饼味道大不相同。"

　　现在上海小吃里边还有鸡蛋饼加油条，这与北京巷子里的煎饼果子做法基本一样，只不过北京的煎饼果子一般用的是薄脆而不是油条。

　　从我个人来讲，我更喜欢鸡蛋饼加油条。与油条相比，薄脆虽然脆，但少了一些韧劲，无法支撑很长时间，香脆的感觉很快消失殆尽；而油条则更有韧劲儿，可以保持较长时间，非常有嚼头。

不只是北京、上海，加油条的吃法武汉也有，不是用鸡蛋饼，而是换做糯米了。前一阵去武汉做电视节目，早上从宾馆出来到巷子里寻觅早餐，看到一个摊位用糯米团放在甑子上保持热度，来一个顾客就抓一把，做成饼状，然后塞入油条，再裹上芝麻和糖吃。这让我一下子就想起张爱玲说过的"大饼油条"的吃法。

其实北京的煎饼果子也有加油条的吃法，后来估计是因为操作上（薄脆更容易长时间保存和保持脆度）的原因，渐渐加薄脆成为主流了。

大饼包油条最精彩的还是油条本身，而且最好是那种油炸了过后、泡发得很大、吃的时候有脆感、同时保持面香的油条。

油条是少有的能打遍南北的民间美食，千百年来深受中国人喜爱。现代营养学把油条列为垃圾食品，让很多人望而却步，我觉得这很不妥。油条与其他美食一样，谁都不能天天吃。我基本上是每周吃一次油条解馋，而且一定要配豆浆，加上大头菜一起吃。我的吃法是，第一根一口油条一口豆浆，第二根则泡进豆浆中，完美收藏，而且豆浆里要稍微放一点糖，一来可以压豆浆的豆腥味道，另外可以让油条在豆浆中更香。

我也试过用稀饭配油条吃，结果是油条失去了原有的精彩口感，而稀饭也变得油腻不合口。所以豆浆和油条是天作之合，佳偶天成，而油条稀饭就是父母之命的包办婚姻。

从我个人的美食体验来看，油条配红油汤面也非常美味，一碗热乎乎的香辣面加一口口香脆的油条，这是仅次于豆浆油条的天作之合。吃法就是手拿一根油条，一口油条一口面条这样吃。这里请注意，一定要用香辣味的面条，不要用清汤面。

我还喜欢用油条炒回锅肉，先炒肉，后加油条，炒几下就好，保持油条的脆韧度，最后加蒜苗，断生就起锅，味道绝美。

油条美食还有一道"酿油条"，这个汪曾祺也提到过，是将肥三瘦七的猪肉灌入油条里蒸、然后勾芡，味道鲜美。

在香港时，张爱玲喜欢吃油煎萝卜丝饼，上海又叫"萝卜丝油墩子"。据记载，民国时上海有一家叫德顺鑫的饭店，制作的萝卜丝饼口味最好。做法是用发酵的面粉做成面浆，垫在铁模子底部，取挤干水分与葱末拌匀的萝卜丝，放在面浆的中央，再放面浆覆盖起来。然后在面饼的居中处放河虾一只，最后放在锅里油炸。出锅则两面金黄，中间虾鲜红，脆鲜，里边萝卜丝清香异常。

这种萝卜丝饼大家都很喜欢。有一年春天去台湾，逛街扫美食，在台北和平东路一段温州街上，看到有个食摊前排了好长队，就上去打听，排队的说这里卖全台北最好吃的萝卜丝饼。不假思索就加入了队列，边排边看摊主的手法，他是用平锅油煎的萝卜丝饼。买了两个，站着就吃掉了，外酥里嫩，确实非常香。我特地留意了一下，萝卜丝是现切的，这可能是他的诀窍之一：现切的萝卜更能保持清香。

张爱玲在小说《桂花蒸阿小悲秋》里边提到过一个菜汤面疙瘩："一锅淡绿的粘糊，嘟嘟煮着，面上起一点肥胖的颤抖……"。这段绝妙的描述再一次暴露了张爱玲资深吃货的本色。

臭豆腐干是张爱玲最喜欢的小吃之一，她曾描述自己追着买豆干的滑稽情形："听见门口卖臭豆腐干的过来了，便抓起一只碗来，噔噔奔下六层楼梯，跟踪前往，在远远的一条街上访到了臭豆腐干担子的下落，买到了之后，再乘电梯上来。"

我曾去过上海常德路195号张爱玲故居，的确是个六层小楼，楼中目前仍有住户，包括张爱玲曾住的那一间，就在楼下挂一牌子"张爱玲旧居"，同时强调"私人住宅，请勿入内"。游人只能在楼下徘徊，仰望想象，然后拍一张留影，恋恋地离开。

站在楼底下，我张望六楼，想象张爱玲拎着一只碗买臭豆腐干的样子，不觉也想吃豆干了，可叫卖臭豆干的小贩却不见踪影。

蒋公的副官和服务人员
一早起来
就在30℃至40℃之间奔忙着
为了调剂一杯温度和胃口
一样高低的白开水

而此刻
厨子正在咸淡之间
正了正衣冠
从镜中端出一碗叫养的鸡汤
荡漾之味
波击八十的寿命

一如芋艿头抵达软烂
黄埔蛋炒向甘香
以及糖醋熘出的江山

蒋介石的食养

白水排毒鸡汤益气

蒋介石是近代的一位重要人物，他的政治行为对中国历史产生过重大影响。我们在这里讨论他在饮食上的讲究与爱好。

大概在20世纪70年代，我很小的时候就听说蒋介石喜欢喝白开水，给我的直观印象是蒋介石的性格比较寡淡。

现在明白，原来蒋介石这一杯白开水大有讲究。

蒋每天起床前半小时，副官和服务人员就开始紧张地工作，首先就是烧白开水，烧开后自然冷却到60℃左右，等蒋介石起床喝的时候，温度在30℃至40℃之间，接近人体的自然温度，同时还要有一杯保温的白开水。

他先喝温开水，再喝温度略高的保温白开水。外出的时候，一定也要带上两个保温杯，一杯是温水，一杯是白开水。

对于喝水，蒋介石不是渴了才喝，而是每隔二十分钟左右就喝一次，身边的侍卫自然知道这种讲究，每隔二十分钟，就帮蒋介石换一杯水。

这实际上是一种非常先进的"水疗法"，这种习惯的养成主要是受两个人的影响。

其一是蒋介石的恩师张静江。此人一生传奇，经商有道，曾创建西湖博览会，还资助孙中山革命，被孙中山誉为"革命圣人"。其为人颇似战国大商人吕不韦，有"现代吕不韦"的绰号。

当时张生病，蒋介石去医院探望，张指了指桌子上的白开水说，与其吃苦药，不如多喝白开水，一天三次。张说，经过一个阶段的水疗，多年的疾病居然大为好转，通过喝白开水可以排出体内的毒素。

另外一个是蒋介石的夫人宋美龄。她在美国读书，深受西医的影响。她曾对蒋介石说："白开水的好处就是，它的纯正，在于没有任何对人体有害的杂质，没有杂质的东西，对人体就是有益的。"美国营养学家还教授给宋美龄通过多喝白开水保持容颜的方法，她也一直坚持践行。

2003年，台北阳明山的草山行馆推出了一套养生餐，据说这是蒋家食谱首度曝光。这个套餐由干拌面、辣椒、鸡汤和黄金奇异果组成，这都是蒋介石生前喜爱之物。其中最著名的就是鸡汤。

蒋介石的随身侍卫官温元曾说，老先生（蒋介石）非常喜欢喝鸡汤，每天都要为他专门熬制。广东有句话叫做"无鸡不成席。"《法国烹饪》的主编威沙尼曾经说过："鸡对于厨师来说，就像油画家的画布。"大吃家清人袁枚也说过："鸡功最巨，诸菜赖之。如善人积阴德而不知。"

中国烹饪界有句俗语叫做："将靠枪，厨靠汤。"汤主要是高汤，而高汤基本是鸡汤的同义语。中医认为鸡汤温热，有补中益气的作用。

蒋介石的饮食对于鸡汤的依赖程度很高。蒋介石吃早餐的惯例是：先吃一片木瓜，再吃早点。在他吃木瓜的时候，就把温度略高的鸡汤放到桌子上。有一次厨师没有掌握好温度，蒋介石烫得把鸡汤吐了满桌，非常生气地对侍卫说："你们这些混账，想害死我啊。"官邸的内务科非常紧张，好好整顿了一番饮食供应。

蒋介石是浙江奉化人，对于家乡菜也非常喜爱。这一带的物产特点是水产丰富，除了海鲜外，蒋介石最爱吃奉虾，还有蛎黄。实际上，从菜系的角度讲，浙江宁波一带的菜，是可以独立于浙江杭帮菜而自成体系的。在南京主政时期，蒋介石的大夫人毛福梅会定期把奉化特产的奉虾、文蛤寄给蒋，毛夫人还会烹制当地特色的鸡汁芋艿头、雪里蕻肉丝、大汤黄鱼托人带给蒋介石。

其中对鸡汁芋艿头的喜好伴随了蒋介石的一生。奉化地方的芋头软烂可口。烤制后，再用鸡汁熬制。据说，蒋介石小时候因为贪吃冰块，很早就弄坏了牙齿，到了中晚年，为了保证蒋介石的营养，身边的侍卫们就想尽花样做菜。芋头软，营养丰富，同时含氟，对牙齿有好处，便成为蒋介石花样翻新的中心食材。

芋头对于牙齿不好、胃也不好的蒋介石来说，几乎是一种完美食材。在这个过程中，蒋府也创新了很多菜。比如，除了鸡汁芋头外，还有芋头鸡丁、芋头芹菜、芋头白菜、芋头粉丝、芋头猪肉丝、芋头虾仁等。其中蒋介石吃得最多的是芋头白菜和芋头芹菜。这与蒋介石对肉食非常节制有关系。

芋头算是中国的传统美食，往往被作为主食的替代品，《史记》中记载的名字叫做"蹲鸱"，《汉书》叫做"芋葵"，另外书中还记载在四川一带芋头很多，可以"救饥"。到了唐代，史书中有句话叫做"大饥不饥，蜀有蹲鸱"。芋头质地细腻，入口软烂，便于下咽，具有"滑、软、酥、糯"的特点，制作菜肴适合煨、烧、烩、烤，也可以炒、拌、蒸。芋头可以配咸吃，也可以配甜吃，而且宜荤宜素，可以说是理想的百搭菜。

清代大美食家袁枚的《随园食单》中记载了芋烧白菜的做法。20世纪90年代，川菜系中有道"芋儿烧鸡"，曾红遍大江南北。这道菜既有芋头又有鸡，想来非常符合"老先生"的口味。当今的芋头名菜有芋儿鸡脚、香芋扣肉、太极芋等，同样非常受欢迎。

三位夫人和一个蛋

作为一个男人，蒋介石是幸福的，在一个阶段内，他有三位夫人并存：原配毛福梅、正印宋美龄、二夫人姚冶诚。

三个女人一台戏，三位蒋夫人各显神通，变着法儿地给蒋介石送美食吃，以通过"拴住男人的胃"来"拴住男人的心"。

原配夫人毛福梅是蒋经国的母亲，按照传统的伦理，她为蒋家传后，居功至伟。除了能生儿子，这位毛夫人在厨艺上也很有造诣，甚合蒋介石胃口。

毛福梅善于制作霉豆腐（豆腐乳）、臭冬瓜、鸡汁豆腐等。每当蒋介石吃到这些地道的家乡风味的时候，就知道是毛夫人送来的。对于蒋的这种喜好，曾有人作诗调侃："纵有珍肴供满眼，每餐味需却酸咸。"

据他的副官居亦侨回忆，每到年节，除了毛福梅送奉化美食外，二夫人姚冶诚也会送来些姑苏美味。江苏吴下小镇湘城特制的猪油枣泥麻饼非常有名气，是蒋介石钟爱的东西。

作为一个猪油爱好者，我一听这个名字就非常激动。在对点心起酥的作用上，猪油胜过植物油。

这种饼的特点是细软甜脆，软香。姚夫人每次都要定制百只左右的麻饼送到南京，还要制作青菜头、菜花头干，还会把嫩的菜花做成细末，添加鸡汁来烧豆腐，这是一种独创。每到秋天菊黄蟹肥的时候，姚夫人还会选上好的阳澄湖大闸蟹，派专人送过去。

据蒋介石的保健医生熊丸等回忆，蒋早餐特别喜欢吃炒蛋。这种炒蛋不是一般的炒鸡蛋，而是精工特别制作的，蒋介石命名为"黄埔蛋"。

这种特别炒蛋起源于蒋介石接受孙中山的委任、担任黄埔军校的校长期间。他节制饮食，不讲究吃喝，提倡吃"革命大锅饭"。但饭食简单也要保证营养，作为校长，蒋介石可以独享一个炒蛋的待遇，每天一个。

这种蛋的做法是，把蛋打碎，用力打匀，做成蛋汁，拌以白糖、精盐、胡椒粉等配料，等花生油热至五成左右的时候，放入煎炒而成，味道特别。蒋介石对这种鸡蛋的钟爱，可能有浓浓的情结在，毕竟当时整个黄埔军校，只有蒋一个人才能吃到。

这种蛋看似简单，其实很考验手艺。要保持鸡蛋的嫩，要先加一点冷水（最好是纯净水）、一点料酒。还有更重要的是人工的搅打，其标准是，当蛋量足够的时候，搅打完成，把筷子放在蛋汁中，是不会倒的。诀窍是搅打一定要沿着一个方向进行，给蛋汁很多张力，才能达到那个标准。这曾难倒了士林官邸的很多大厨。再就是蛋汁要逐一加入，待油滚热时浇上一匙羹蛋汁，待蛋半熟又浇入花生油，再浇上鸡蛋。

平常的鸡蛋做法是炒或者煎、蒸、煮，还有就是蛋卷等，比如番茄炒蛋、春芽炒鸡蛋。还有西班牙蛋卷，这些菜要做得好，基础就是蛋的处理要好，其中一个绝招是加一点料酒（一个鸡蛋加四五滴量）增嫩增香才能好。

袁枚的《随园食单》中记载了一种鸡蛋的做法："鸡蛋去壳放碗中，将竹箸打一千回蒸之，绝嫩。"

《金瓶梅》第四十四回记载，李瓶儿吃饭，桌上有一碟"摊鸡蛋"，其做法就是把韭菜和在鸡蛋中打匀，实际上相当于现在的韭菜炒鸡蛋。

打鸡蛋最好用竹筷或者木棍，不能用铁器，以免影响味道。

鸡蛋被认为是人类最完美的食物之一，味道鲜美，营养丰富。其实鸡蛋这种食材，虽被认为是素菜，实际上算是荤菜。

黄埔蛋的做法是既炒又煎，口味是外焦里嫩，算是特别。由于蒋介石非常钟爱，还被列上接待外宾的菜单。20世纪50年代，台湾圆山饭店建成，成为招待贵宾的固定场所。宴请尼克松时曾上过一个黄埔蛋，以表示敬重。

蒋介石对于黄埔蛋的钟爱，除了感情因素，另外一个原因也是蒋介石吃肉很少，吃蛋也算是解馋。

到了晚年，蒋介石身体已经不好，有时好几天都只能吃流食。等身体好转些的时候，侍卫开始为他做早餐，蒋介石的要求就是："来一个黄埔蛋就可以了。"

也是因为身体的原因，晚年时，宋美龄接受美国医生的建议，下令取消蒋介石的"每日一蛋"。这引发了内务科的争论，蒋介石也反对。宋美龄的理由是，鸡蛋胆固醇高，会引发高血压。她说："中国人对肉和蛋的推崇是因为贫穷，其实在西方国家，真正有营养的反而是蔬菜。"

在宋夫人的强烈要求下，蒋介石延续几十年的"黄埔蛋"也停了一段，只有在招待客人的时候才能趁机解馋了。

早餐三味和养生七法

蒋介石的早餐有固定的搭配，被士林官邸的人称为"早餐三味"：一片木瓜、一个炒蛋和一份酱瓜。

这三种食物其实并不简单，是经过蒋的随侍多次调整确定的。以木瓜来说，国内只有广西、云南地区才有。抗战时期，蒋介石身居重庆，物资运送十分困难，保证其早餐的木瓜供应并不是一件容易的事。

木瓜并不是蒋介石开始就喜欢的食物，开始甚至有些反感其味道。但因为吃木瓜对胃病很有好处，在医生和宋美龄的建议和监督下，坚持吃了半个多月，感觉困扰其多年的胃病轻了不少，从此开始推崇木瓜这种食物，最后直接变成了早餐的开餐水果。木瓜也是宋美龄的美容法宝之一，她接受美国医生的建议，用木瓜水洗脸。

蒋介石：『你真是前世羊胎，

怎么这么爱吃草呢。』

宋美龄：『你把咸笋，蘸上黑乎乎的芝麻酱，

又有什么好吃呢？』

得知蒋宋都喜欢木瓜，在台湾期间，各地都争相给士林官邸送木瓜，以至于后来"瓜满为患"，蒋介石不得不常常送木瓜给手下吃。

"早餐三味"的最后一道是"酱瓜"，这是蒋介石幼年形成的饮食爱好。蒋介石幼年丧父，家境贫寒，每到青黄不接的时候，就靠咸菜等应对。

酱瓜的制作非常简单，用锅烧开盐水，把洗净的小黄瓜放到盐水中，然后放到坛子里封上，一个冬天过后，就腌制成金脆的酱瓜。这也成了蒋介石对儿时的美好回忆。

到台湾后，由于本地不产小黄瓜，蒋介石就派人从日本专门采购，保证早餐的供应。清代《随园食单》中也记载有酱瓜的做法，大意是："将瓜腌后，风干入酱，如酱姜之法。不难其甜，而难其脆。杭州施鲁箴家，制之最佳。据云，酱后晒干又酱，故皮薄而皱，上口脆。"这堪称制作酱瓜的绝招，颇有些巫术色彩。

蒋介石吃饭，常备的菜是一碗鸡汤，一份盐笋，还有酱瓜、黄埔蛋。宋美龄是讲究西餐的，吃饭时，往往是蒋介石这边咸菜鸡汤，而宋美龄则是蔬菜沙拉，中西分明。两人有时候互相调侃。蒋介石说宋："你真是前世羊胎，怎么这么爱吃草呢。"宋美龄则回敬蒋："你把咸笋，蘸上黑乎乎的芝麻酱，又有什么好吃呢？"

蒋介石一般水果都吃，但不爱吃苹果。而宋美龄特别喜欢吃苹果。夫妇两人晚餐一般都是稀饭，外加盐笋、芝麻酱，饭后就是散步聊天。生活规律，健康科学。

对于笋，蒋介石也非常钟爱。新鲜的竹笋运到官邸后，蒋介石会亲自查看，先把玩下。笋做成的菜，蒋喜欢油焖春笋、笋尖炒豆腐。

这些其实现在都可以再复制开发。笋尖炒豆腐的笋一定要嫩，最好用石膏点制的豆腐，炒成的菜非常嫩。笋是粗纤维，利于胃肠蠕动，利便。

在水产类，除了家乡的海鲜，蒋介石还喜欢吃鱼，特别是杭州西子湖畔"楼外楼"的西湖醋鱼。西湖醋鱼的做法是把草鱼先在沸水锅中氽熟，然后在氽鱼的原汤中加入调料搅成浓汁，再浇汁。蒋介石有个厨师叫做曾杏奎，他做鱼有个提法，就是要保持鱼的原味，在此基础上再提升。而西湖醋鱼就是一道原汁原味的鱼肴。

在这一点上我也赞同，反对加很多辣椒、花椒，掩盖了鱼鲜本身的味道。这也同样适合其他河鲜或者海鲜。如炒蟹肉，最好就是把蟹肉抠出，加上韭黄、木耳等来清炒。

士林官邸为了迎合蒋介石的喜好，开发出了很多创新的菜式，比如瓦块鱼、鲜黄鱼、生炒鳝鱼丝、烧海参、炝青蛤、佛跳墙、黄焖鳝鱼块等。其中黄焖鳝鱼块是蒋介石最爱吃的菜之一，做法是现杀鳝鱼，切成块，红烧，加黄酒焖，属于杭帮菜的做法。还有就是炒鳝糊，蒋介石要求加笋，这道菜是上海名菜，本来不加笋的。

蒋介石年轻时酒量也不错，但壮年之后，就很少饮酒了，特别是和宋美龄结合后，受她的影响很大，饮食更加趋于科学和西化。

在饮食理论上，蒋介石是节制主义者，常说一句话"少食多得"。他认为很多疾病都是多吃得来的。这种认识在当时非常难能可贵。当时社会贫瘠，还不知道大吃大喝会带来"富贵病"。现在社会，"三高"蔓延，我们最近几年才开始强调节食的重要。

宋美龄在这点上也是一个饮食节制主义者，她不停提醒蒋介石，宁可少吃，也不要频频赴宴。宋美玲主张饮食西化，蒋介石也听，但本性难移，口味是童年时代就决定了的，很难改变。

总的来说，从饮食上看，蒋介石是个比较刻板无趣的人。但从养生的角度上，他还是非常成功的，其原则有七：

> 少食即饱，适可而止。
>
> 不吃甜食，适应淡菜。
>
> 拒饮浓茶，少沾腥辣。
>
> 不饿也食，及时进餐。
>
> 荤素搭配，菜色调和。
>
> 勤吃豆腐，远离痴呆。
>
> 芒果当茶，香蕉润肠。

这其中第三条的饮食习惯，正好与毛泽东"针锋相对"。但蒋介石也曾经爱上过辣椒，在重庆执政期间，也曾对辣上瘾，后来被宋美龄校正过来了。

蒋介石的"菜色调和"提法非常领先，与最近几年流行的"五色五养"很接近，蒋要求自己的餐桌上一定要有黑色、绿色、白色、黄色、红色的食物。

士林官邸的豆腐菜也算是一大系列，有很多的花样，也有很多的创新，比如豆腐虾仁、豆腐黄鱼、豆腐莲子、豆腐海参、豆腐鲍鱼等。

士林官邸在这个"美食进化"的过程中，对中国的传统医学和饮食典籍也是多有借鉴，可谓从另一个角度传承和发展了中华美食。

文
景

Horizon

社 科 新 知 文 艺 新 潮

民国吃家

二毛 著

出 品 人：姚映然

责任编辑：杨　朗

装帧设计：肖晋兴
插　　画：袁小真

出　　品：北京世纪文景文化传播有限责任公司
　　　　　（北京朝阳区东土城路8号林达大厦A座4A　100013）
出版发行：上海世纪出版股份有限公司
印　　刷：北京中科印刷有限公司
制　　版：北京大观世纪文化传媒有限公司

开　本：890×1240mm　1/32
印　张：7.5　　字　数：139,000　插 页：12
2014年2月第1版　　2016年4月第5次印刷
定　价：29.00元
ISBN：978-7-208-11932-1/T·8

图书在版编目（CIP）数据

民国吃家/二毛著. —上海：上海人民出版社，
2014
　　ISBN 978-7-208-11932-1

　　Ⅰ.①民… Ⅱ.①二… Ⅲ.①饮食-文化-中国-民
国-通俗读物 Ⅳ.① TS971-49

中国版本图书馆CIP数据核字（2014）第276361号

本书如有印装错误，请致电本社更换　010-52187586